輕鬆學，好特別！滿足你的味蕾，傳達你的心意！

法式凍派&慕斯

荒木典子

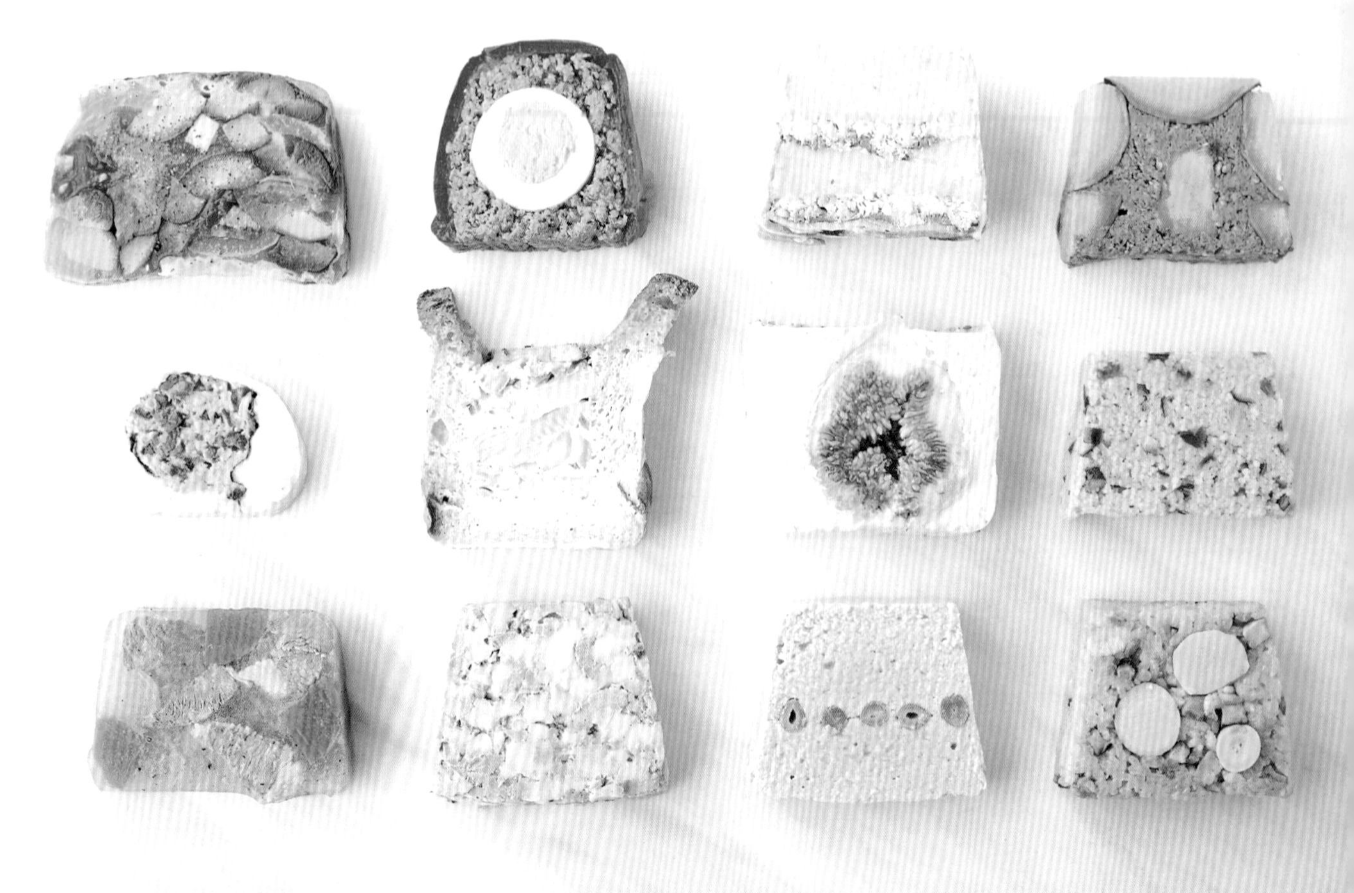

Terrine & Mousse

前言

賞心悅目且色彩鮮艷的法式凍派及慕斯的料理書，終於完成了。
所謂的法式凍派Terrine就是使用了法式陶鍋製成的料理。
或許在大家的印象中，這是一道餐廳才能享用得到的菜餚，
但在本書中特別爲大家介紹家庭內即可輕易完成的食譜配方。

書中，將鹹口味的稱爲法式凍派，而甜口味的就稱作慕斯Mousse。
食譜則是考量到製作的難易程度、外觀以及風味...等的均衡，再進行搭配。
無論是大家熟知或是出乎意料的配方，都是我極力推薦給讀者的代表作。

即使沒有法式陶鍋也沒有關係。是料理初學者也沒有問題。
磅蛋糕模也可以使用，
只要仔細照著配方製作，必定能作出美味的法式凍派和慕斯。
正因可以事先製成，所以也非常適合在特別的日子裡招待大家或宴客。
在分切盛盤時，必定能聽到衆人高聲的歡呼與讚揚！

其中添加的配料或是澆淋的醬汁，則視個人的喜好及想法來變化。
請試著搭配各種食材，做出屬於您個人的最佳作品吧！

荒木典子

Contents

Part 1
試著用手邊的模型來做做看吧！

Part 2
簡單道地！　法式凍派

蔬菜法式凍派

其他的法式凍派

更多充滿樂趣的搭配組合

Part 3
輕鬆完成！ 慕斯

水果慕斯

巧克力、乳製品慕斯

日式甜品

更多充滿樂趣的搭配組合

本書中的慣用標示

◎ 本書中的法式凍派或慕斯，所使用的都是份量最恰到好處600ml的模型。

◎ 計量單位：1大匙為15ml、1小匙為5ml、1杯是200ml。大匙、小匙都請以平匙來計算。

◎ 雞蛋使用的是M尺寸的大小。

◎ 烤箱的加熱溫度、加熱時間以及烘烤時間，會因機種而有所不同。書中標記的時間是標準的參考值，請配合使用的機種來加以調整。

Part 1

試著用手邊的模型
來做做看吧！

法式凍派 Terrine & 慕斯 Mousse 的基礎知識

法式凍派究竟是什麼樣的料理呢？
在此，將針對本書所提及的凍派及慕斯加以說明。

凍派：放入模型中使其凝固製成的料理

Terrine，指的就是有蓋子的陶製容器。而將食材放入容器內凝固製成的料理，就稱爲凍派。在本書中所介紹的，不僅只是放入有蓋陶製容器內凝固製成的料理，其他放入磅蛋糕模型或其他容器內凝固製成的，也全都稱之爲凍派。

凍派很簡單就能完成了！

在專業食譜當中，雖然也會使用豬油網或橫隔膜，但本書中介紹的凍派食譜，是利用身邊隨手可得，容易購得的食材來製作。

慕斯：藉由細緻的氣泡所完成膨鬆軟綿的甜點

Mousse，是指利用打發鮮奶油或蛋白的細緻氣泡，製作出膨鬆軟綿口感的糕點。本書當中所介紹的，不僅只是膨鬆軟綿口感的糕點，包含使用其他磅蛋糕模或其他容器凝固製成的甜點，都稱爲慕斯。

慕斯很簡單就能完成了！

慕斯，利用明膠使其凝固，以搭配蛋白的食譜爲首，有各式各樣的製作方法。在本書中不僅只有這類的食譜，同時也介紹了使用寒天，只要冷卻即可完成的簡單配方。

基本的法式凍派 Terrine

首先，介紹的是最常見的法式凍派。
準備好材料後，只要放入模型蒸烤即可。

鄉村法式凍派

大型
法式凍派

小型
法式凍派

以刀工切碎的豬肉仍留有肉塊的口感，更增添享用時的樂趣。

鄉村法式凍派

冷藏保存 1週	可冷凍 保存

※ 關於保存期限，請參考 P.20 頁。

◎材料（容器 600ml 模型 1 個）

豬五花肉——320g
豬肝——130g
豬背油——80g
雞蛋——1個
洋蔥——1/2個
荷蘭芹(巴西利)——1枝
月桂葉——1片
白蘭地——3大匙
鹽——1又1/3小匙
黑胡椒——1/3小匙

◉預備

- 以170℃預熱烤箱。
- 準備模型

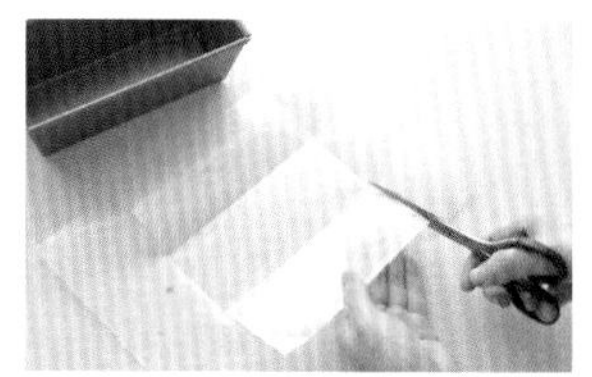

依照模型大小，以烘焙紙製作紙模。儘量做成與模型相同的大小，不要過大。

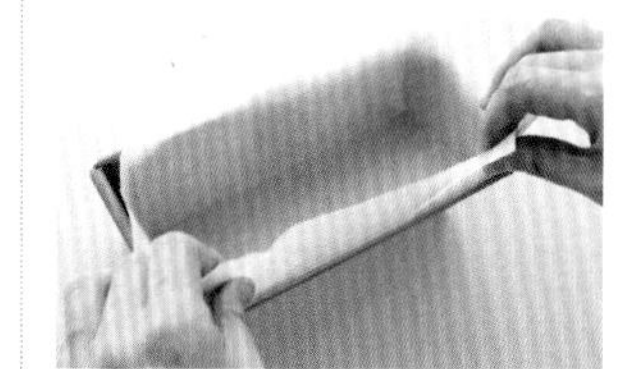

將紙模舖放在模型當中。

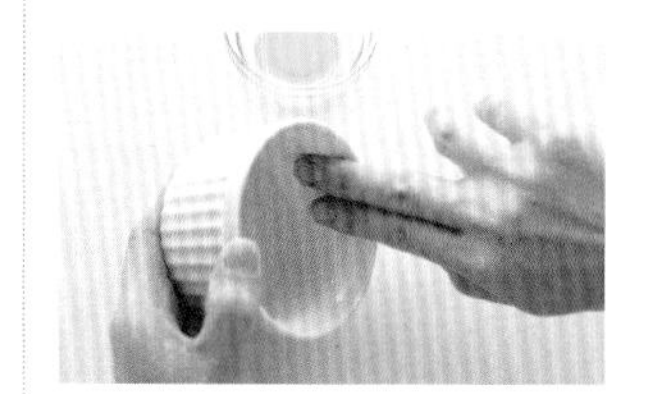

以小模型烘烤時，因爲比較容易脫模取出，所以用手指將油脂塗抹在模型內側就 OK。

●製作方法

1. 分切

豬五花肉、豬肝以及豬背油都切成6～7mm 的塊狀，並用菜刀拍打。在使用菜刀時，必須小心菜刀的滑動。洋蔥、荷蘭芹和月桂葉切碎備用。

2. 混拌

將①的材料放入缽盆中，加入鹽、黑胡椒以及白蘭地，充分均勻混拌食材。

3. 靜置

在缽盆表面覆蓋上保鮮膜後，放置於冰箱中靜置1小時以上。

4. 混拌

在③當中加入雞蛋充分混合拌勻。

5. 放入模型中

將材料完全填滿模型的每個角落。

做成大型法式凍派時

做成小型法式凍派時

6. 平整表面

使表面成爲勻稱平整的狀態。

※ 如果材料仍有剩餘時，可以直接用鋁箔紙包妥後一起烘烤。當然爲避免肉汁在烘烤時流出，所以鋁箔紙的包合處必須朝上放置。

7. 覆蓋鋁箔紙

當材料滿滿地填入模型時，爲防止產生沾黏的情況，所以先以烘焙紙包覆後再覆蓋上鋁箔紙。若是使用有蓋模型時，就可直接蓋上鍋蓋。

8. 烘烤

在方型淺盤中舖放布巾，將70～80℃的熱水注入方型淺盤中至八分滿，接著將模型放入方型淺盤中，以170℃的烤箱隔水加熱烘烤約50～60分鐘。

做成大型法式凍派時

做成小型法式凍派時

使用較大模型時

當手邊的模型較大，本書內的材料無法完全填滿模型時，可以在模型中放入耐熱杯等，以調整用量。除了肉類之外的食材，如果直接放置烘烤則會產生材料浮起的狀態，所以會在上方放置瓶子或是重石。若是柔軟的凍派，在脫模時，必須注意避免造成外形的崩塌。

●烘烤完成時

刺入竹籤，若沒有出現紅色的肉汁，則是已完成烘烤。

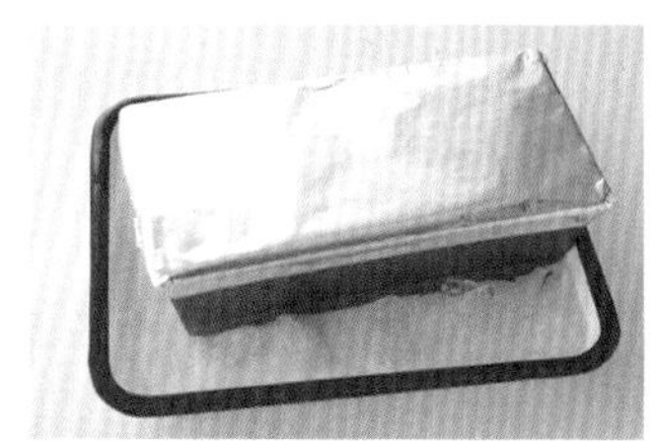

墊放在冰水上降溫。

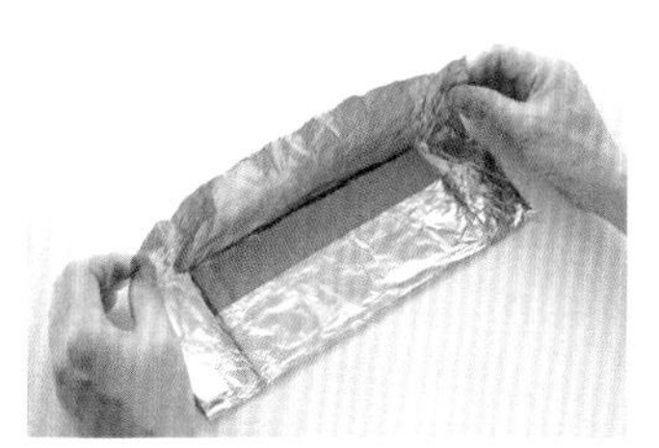

製作擺放著鎮壓用的蓋子。切出符合模型上端尺寸的厚紙板，以鋁箔紙包覆厚紙板。

鎮壓用蓋子放置於模型上，且擺放裝了水的保特瓶。若是較小的模型時，則可以利用製作派皮的重石來鎮壓。待完全冷卻後，再拿開重石放入冰箱中冰鎮。

基本的慕斯 Mousse

用草莓和鮮奶油製成的，口味單純的慕斯。
冰涼爽口地享用吧！

草莓慕斯

大型慕斯

小型慕斯

新鮮草莓香甜風味，讓人無法停口。

草莓慕斯

當日食用

※ 關於保存期限，請參考 P.20 頁。

◎材料（容器 600ml 模型 1 個）

草莓——200g
鮮奶油——150g
板狀明膠——4.5g(3片)
細砂糖——30g
檸檬汁——1小匙
利口酒(櫻桃酒)——1小匙
海綿蛋糕(市售品)——適量

※ 自己製作海綿蛋糕時，請參考 P.95的食譜來烘烤。海綿蛋糕的部份也可以使用蜂蜜蛋糕或皮力歐許麵包。分切成1cm的厚度來使用。

◉預備

- 將板狀明膠浸泡於冰水中軟化備用。
- 將模型放在蛋糕體上，依模型形狀分切蛋糕。

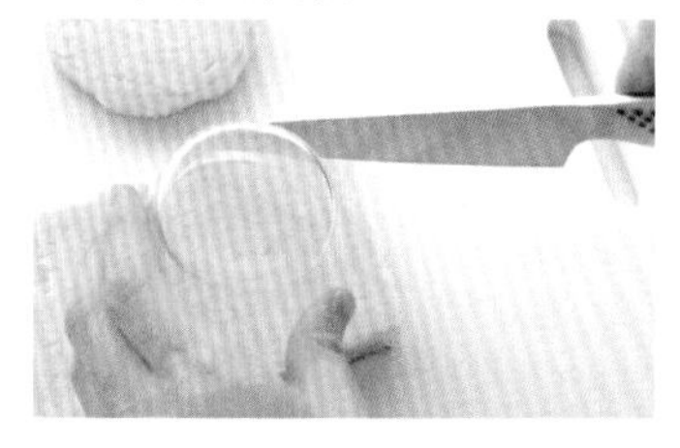

- 準備模型

在模型底部舖放烘焙紙。

●製作方法

1. 搗碎

草莓去蒂後，放入較大的缽盆中，以叉子等搗碎。如果有果汁機等機器，也可利用機器絞打成果泥。

2. 加熱砂糖

在小鍋中放入①的1/3用量和細砂糖加熱，用攪拌器邊混拌並加熱至細砂糖溶化後，熄火。

3. 添加明膠

擰乾板狀明膠的水份，加入②的小鍋中，使其溶化。

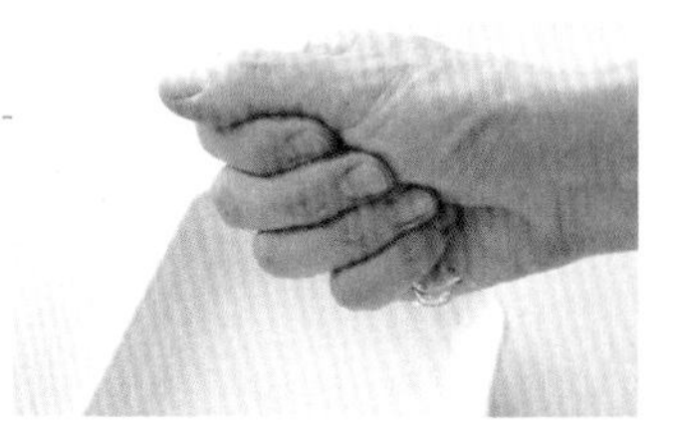

4. 冷卻

將其餘的草莓果泥加入③當中，並放進檸檬汁和利口酒，墊放在冰水上邊混拌邊使其冷卻至開始產生濃稠感。

5. 打發

打發鮮奶油。打發至攪拌器劃過時略留下痕跡的程度(約打至六分發)。

6. 混拌

將少量的⑤加入④當中，充分均勻混拌。

7. 大動作粗略混拌

將⑥加入⑤當中，以橡皮刮刀大動作粗略混拌整體至均勻爲止。

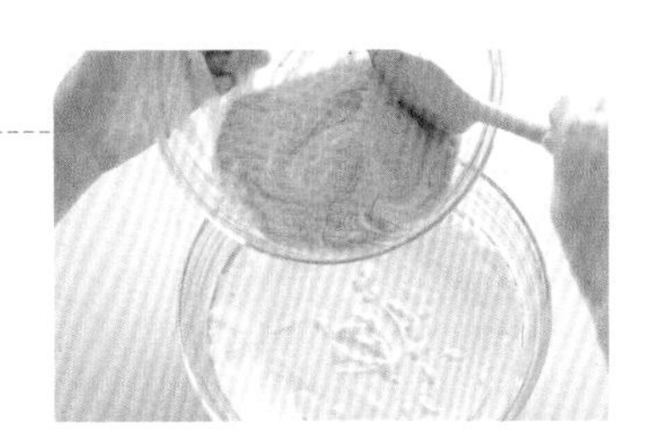

8. 放入模型

倒進模型中。

做成大型慕斯時

做成小型慕斯時

9. 冷藏凝固

將海綿蛋糕放置在最上端，以保鮮膜包妥後放入冰箱冷藏凝固。

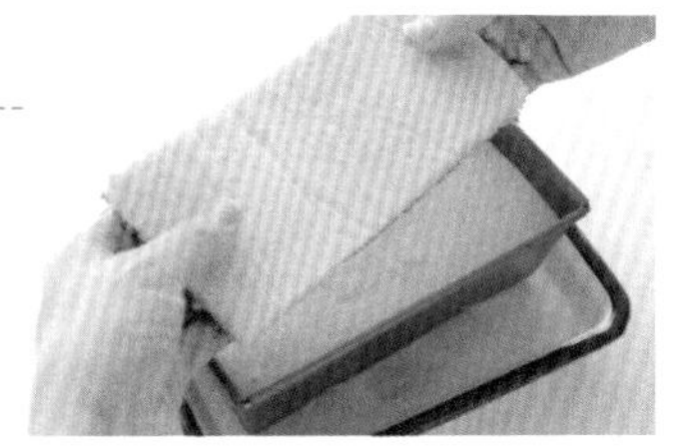

做成大型慕斯時

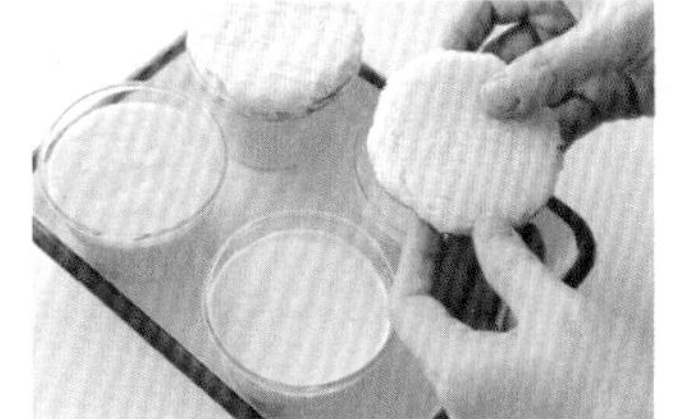

做成小型慕斯時

●完成時

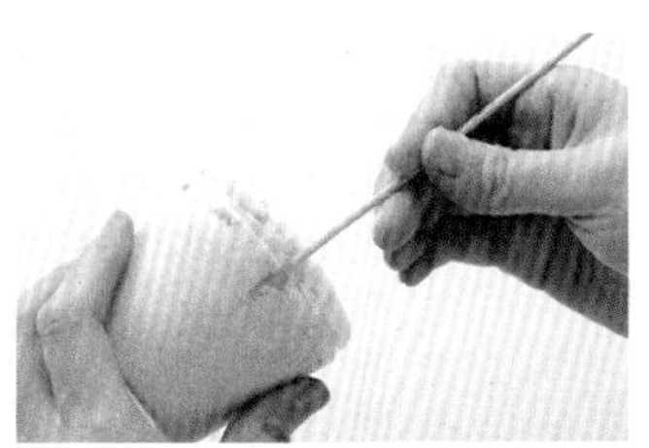

使用磅蛋糕模型時可以用蛋糕抹刀，小模型則可利用竹籤刺入，使其脫模。如果沒有蛋糕抹刀時，也可以用小刀代替。薄且鋒利的刀刃，不會切出粗糙表面的刀子才能完成漂亮的成品。

模型的變化

本書當中的食譜，使用的都是基本的磅蛋糕模(容量600ml、底部15.5cm × 6cm × 高6cm)製作的成品，但其實形狀及尺寸都可以自由發揮。可以使用手邊既有的模型，改成自己想要的形狀也OK。
因爲是隔水加熱，所以請選用水份不會滲入的模型。
從傳統的陶鍋模到各種可愛的造型，模型的選擇也是一大樂事呢。

你的模型是多少ml呢？

想要測量手邊模型的容量時，利用量杯來測量是最方便的方法。倒入模型中的水量，就是手邊模型的容量。

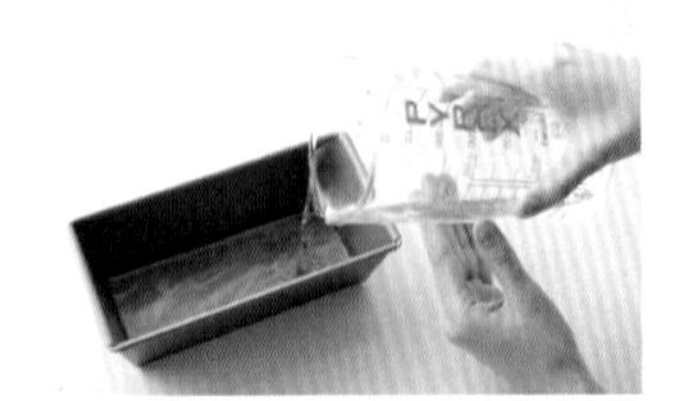

A：(底面15.5cm × 6cm × 高6cm) >> P10, P14, P24, P29, P31, P34, P36, P37, P38, P42, P43, P46, P52, P55, P58, P60, P61, P68, P70, P73, P79, P80, P82, P84, P85, P86, P88, P89

B：(底面10cm × 4.5cm × 高5cm) >> P56

C：(底面8cm × 3cm × 高4cm) >> P72

D：(上部直徑7cm × 高5.5cm) >> P15, P48, P77

E：(直徑7cm × 高5cm) >> P15, P48, P77

F：(底面17cm × 6.5cm × 高6cm) >> P40

G：(底面18cm × 8cm × 高6cm) >> P30

H：(底面 11.5cm × 6.5cm × 高 7cm) >> P50
I：(底面 11.5cm × 6.5cm × 高 7cm) >> P32
J：(底面 12cm × 6.5cm × 高 4.5cm) >> P28
K：(底面 12cm × 6.5cm × 高 4.5cm) >> P74
L：(底面 11cm × 9.5cm × 高 5.5cm) >> P47
M：(底面 12cm × 7cm × 高 5cm) >> P54

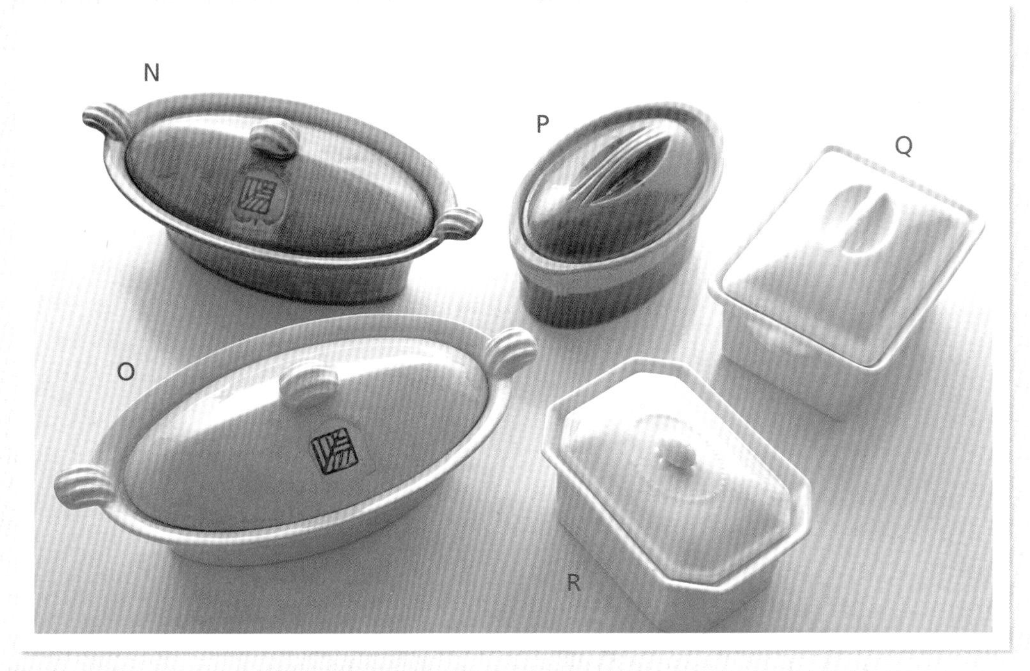

N：(底面 18.5cm × 7.5cm × 高 6.5cm) >> P71
O：(底面 18.5cm × 7.5cm × 高 6.5cm) >> P22
P：(底面 16cm × 8.5cm × 高 5.5cm) >> P8
Q：(底面 14cm × 8.5cm × 高 6.5cm) >> P45
R：(底面 12cm × 8.5cm × 高 6cm) >> P78

為了能更美味享用

如何保存？可以保存多久呢？
特地做的美味凍派或慕斯，所以想要好好地品嚐享用。
在此簡單地將須知重點加以解釋說明。

冷藏

以有蓋陶鍋烘烤時，可以連同鍋蓋一起冷藏保存。但使用其他模型時，就必須先脫模取出後，以保鮮膜包妥後，放入冷藏保存。柔軟的凍派或慕斯時，則請連同模型一起覆蓋上鋁箔紙或保鮮膜後，再冷藏。

冷凍

切成片狀後一一包妥，再一起放入冷凍保存袋中冷凍保存。解凍時，可以自然解凍，或使用微波爐的解凍模式來解凍。

關於保存期限

本書當中，依各項成品而有各不相同的保存期限。

冷藏保存 ○日	當日 食用	可冷凍 保存
放置冰箱中 可以保存○日	請於當天內 食用完畢	也可以 冷凍保存

terrine
&
mousse

Part 2

簡單道地！
法式凍派

肉類法式凍派

使用肉類的法式凍派，具備足以成爲餐桌主菜的存在感。
肉類的甜美風味完全保留在凍派當中。

蘋果、肉桂及豬肉的搭配組合，也是道主菜凍派。

蘋果里肌肉凍派

冷藏保存
2～3日

在大蒜、洋蔥及蘋果當中加入細砂糖一同拌炒。

將材料與板狀明膠交替地填裝在底部鋪著培根肉的模型內。

關於明膠

在本書當中，運用明膠使料理凝固時，所使用的是板狀明膠。在烹調中也可以直接加入，在使用及處理上會比粉狀明膠更爲容易。浸泡還原使用時，必須要先充分瀝乾水份。

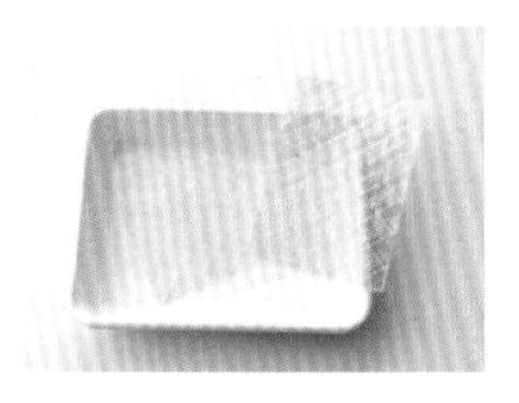

◎材料（容器600ml模型1個）

豬里肌肉——300g
洋蔥——1/3個
蘋果——2個
大蒜——1瓣
培根——6～8片
橄欖油——1大匙
鹽——1小匙
黑胡椒——適量
細砂糖——1大匙
白酒——100ml
水——50ml
高湯塊——1塊
白蘭地——1大匙
板狀明膠——6g(4片)
肉桂——適量
鮮奶油——適量

◉預備

- 以170℃預熱烤箱。
- 在模型內舖放紙模。

●製作方法

1. 將豬里肌肉縱向分切成4～5等份。洋蔥和大蒜切碎，蘋果則切成8等份的月牙狀。

2. 豬肉揉入鹽及黑胡椒並淋上橄欖油備用。

3. 在平底鍋中加熱適量橄欖油（用量外），放入大蒜、洋蔥以及蘋果，撒上細砂糖拌炒。拌炒至蘋果表面呈現焦色時，加入白蘭地、白酒、水以及高湯塊，繼續煮至蘋果變軟爲止。

4. 將培根肉片以少許重疊地緊排在模型內。其餘的2～3片切成模型的寬度，預留排放覆蓋在模型上方。

5. 將②和③的材料與板狀明膠交互疊放至模型內，並撒上肉桂。完全塡滿模型後，再將③的水份倒入模型中。

6. 排放於模型中的培根肉片過長的部份，則折放至表面，其餘的空隙處也疊放覆蓋上預留的培根肉片。

7. 用鋁箔紙當成蓋子地覆蓋在模型上，以170℃的烤箱隔水加熱烘烤40～50分鐘。當肉汁變成透明時，就完成烘烤了。

8. 墊放冰水上降溫，並壓上重量待其冷卻定型。

9. 待完全冷卻後放入冰箱中冰鎮。

10. 切分後，附上稍稍打發(約打至六～七分發)的鮮奶油，並撒上肉桂粉。

預備作業完成後就可以輕易製作了。最適合家庭宴客或做爲伴手禮使用。

冷藏保存
1週

雞肝凍派

Meat terrine

◎材料（容器600ml模型1個）

雞肝——500g
洋蔥——1/4個
荷蘭芹（巴西利）——1枝
月桂葉——1片
奶油（無鹽）——100g
鹽——1又1/3小匙
白蘭地——2大匙

◉預備

- 除去雞肝的脂肪及血管，切成適當的大小浸泡於冰水中，不斷地換水直至血水完全流出爲止。
- 在模型內舖放紙模。
- 以170℃預熱烤箱。

●製作方法

1. 洋蔥、荷蘭芹及肉桂葉切碎備用。
2. 在平底鍋中加熱奶油，拌炒洋蔥和雞肝至雞肝呈熟色後，加入鹽及白蘭地快速拌炒。
3. 將②與荷蘭芹、月桂葉等放入食物調理機內，攪打成泥狀。可依個人喜好決定攪打程度爲滑順狀態或是略帶顆粒的泥狀。
4. 在模型中放入③，以橡皮刮刀平整表面後，以鋁箔紙覆蓋在模型表面，用170℃的烤箱隔水加熱烘烤40～50分鐘。
5. 墊放冰水上降溫，並壓上重量待其冷卻定型。
6. 待完全冷卻後放入冰箱中冰鎮一晚。

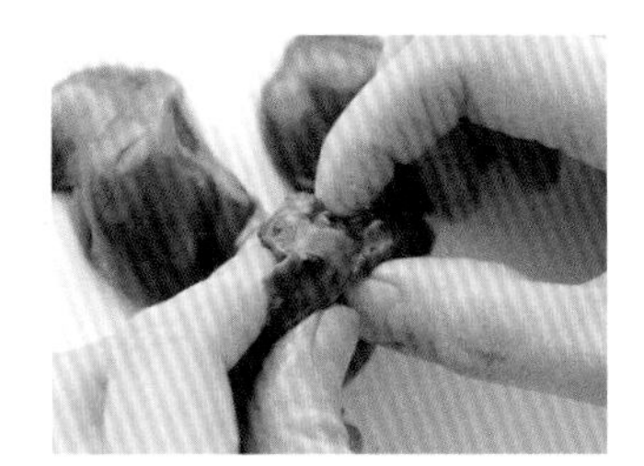

雞肝先取出脂肪後，輕輕揉搓般地取出血管。

藉由添加白蘭地，可以減少雞肝的腥味也更能增添風味。

橄欖油及番茄乾更添滋味。不需模型包捲即可完成的圓捲形凍派。

義式雞肉捲凍派

冷藏保存
3,4日

◎材料（容器600ml模型1個）

雞胸肉——1片(250g)
雞絞肉(雞腿肉)——120g
洋蔥——1/5個
番茄乾——10g
黑橄欖(鹽漬)——5～7顆
雞蛋——1/2個
橄欖油——1小匙
鹽——1/3小匙
羅勒葉(新鮮)——4～5片

◉預備

- 以170℃預熱烤箱。

●製作方法

1. 洋蔥切碎，番茄乾及黑橄欖切成粗粒狀。
2. 雞胸肉去皮，用刀子由中心劃開，向左右兩邊攤開，在正反兩面抹上鹽及黑胡椒(用量外)。
3. 將絞肉和鹽放入缽盆中混拌至產生黏稠後，加入雞蛋和①的材料，均勻混拌。
4. 將②放置在展開面朝上的烘焙紙上，內側塗抹上橄欖油排放羅勒葉，預留左右兩端地在中央放入③的材料。
5. 彷彿提舉起烘焙紙般地使雞肉兩端重疊地將④捲起。
6. 緊實地將烘焙紙捲起後，將雞肉重疊接合處朝下地將烘焙紙的兩端扭緊。
7. 以兩層鋁箔紙緊實地包覆⑥並捲起，兩端接合處朝上。
8. 用170℃的烤箱隔水加熱烘烤30～40分鐘。試著用手觸摸看看，若形狀已經固定時，即是烘焙完成。
9. 冷卻後分切。

剖開雞胸肉後，用刀子輕敲雞肉可以避免雞肉收縮，更方便製作。

在雞胸肉上填滿材料，連同烘焙紙一起捲起。雞肉的兩側稍加重疊地接合捲起。

將烘焙紙的兩端，像包糖果般地扭捲起來。

Meat terrine

日式風味溫和潤澤的口感。蓮藕的斷面形狀也十分可愛。

冷藏保存
3,4日

松風凍派

◎材料（容器600ml模型1個）

雞絞肉（雞腿肉）——300g
蓮藕——約200g
（可以放入模型的大小）
雞蛋——1個

A
- 紅味噌——35g
- 白味噌——25g
- 味醂——略多於1大匙
- 細砂糖——2又1/2大匙

太白粉——1又1/2大匙
罌粟籽——1小匙
蛋黃——1個
味醂——1大匙

◉預備

- 在模型內舖放紙模。
- 以170℃預熱烤箱。

●製作方法

1. 將50g的蓮藕磨成泥，其餘的配合模型的長度及寬度切開後，去皮並水洗備用。

2. 混合A並充分混拌均勻。

3. 將雞絞肉和②放入缽盆中，混拌至雞肉產生黏稠後，加入雞蛋、蓮藕泥以及太白粉混拌。

4. 在放入模型的蓮藕孔洞中填滿③，並將其餘③的材料完全填滿模型。

5. 用刷子將蛋黃和味醂的混合液，充分地刷塗在表面，並撒放罌粟籽。

6. 用170℃的烤箱烘烤35～45分鐘。按壓時有彈性且用竹籤刺入不會有紅色的肉汁流出時，就是完成烘烤了。

7. 冷卻後分切。

terrine

牛肉與甘薯是非常適合的搭配。醬油與味醂的調味讓人禁不住想要添碗白飯。

甘薯牛肉凍派

冷藏保存
3,4日

◎材料（容器600ml模型1個）

薄牛肉片——300g
甘薯——1條
大蒜——1/2瓣
雞蛋——1個
醬油——1又1/2大匙
味醂——1又1/2大匙
黑胡椒——適量

◉預備

- 在模型內舖放紙模。
- 以170℃預熱烤箱。

●製作方法

1. 甘薯連皮一起蒸軟。
2. 牛肉切碎。大蒜磨成蒜泥。
3. 將②放入缽盆中加入醬油、味醂和黑胡椒混拌，再加入雞蛋混合拌勻。
4. 像是要切除甘薯皮般地將甘薯切成四角形，再對切。將有甘薯皮的部份朝內，平切面朝著模型側面地舖放在模型中。
5. 在④的中間內側填放入③，最中央的部份埋入長條形的甘薯後，再繼續用③填滿所有的空隙至表面，最後整平表面。
6. 用鋁箔紙當成蓋子地覆蓋在模型上，以170℃的烤箱隔水加熱烘烤40～50分鐘。當紅色的肉汁不再流出時，就完成烘烤了。
7. 墊放冰水上降溫，並壓上重量待其冷卻定型。
8. 待完全冷卻後放入冰箱中冰鎮。

9. 分切後，放置回復至室溫時即可享用。

加入大量堅果，展現秋天風味的凍派。記得選用美味的培根哦！

冷藏保存
3,4日

堅果絞肉凍派

◎材料（容器600ml模型1個）

混合絞肉——300g
洋蔥——1/4個
香菇——4朵
麵包粉——1/2杯
牛奶——50ml
雞蛋——1個
奶油（無鹽）——10g
鹽——2/3小匙
黑胡椒——適量
伍斯特辣醬油（Worcestershire sauce）——1大匙
糖煮栗子——5顆
個人喜好的堅果——40g
銀杏（水煮）——8顆
培根——6～8片

◉預備

● 以170℃預熱烤箱。

●製作方法

1. 切碎洋蔥和香菇。
2. 在平底鍋中加熱奶油，拌炒①和堅果，以鹽、黑胡椒調味。
3. 將絞肉放置於缽盆中，加入鹽、黑胡椒（用量外）以及伍斯特辣醬油一起混拌至產生黏稠時，再放進麵包粉、牛奶和雞蛋混合拌勻，將②加入後混拌至均勻。
4. 將糖煮栗子和銀杏加入其中混拌。
5. 將培根肉片以少許重疊地排放在模型內。其餘的2～3片切成模型的寬度，預留以排放覆蓋在模型上方。
6. 將④緊實地填滿模型，再覆蓋上預留的培根肉片。
7. 用鋁箔紙當成蓋子地覆蓋在模型上，以170℃的烤箱隔水加熱烘烤45～55分鐘。當按壓時有Q彈感覺，就完成烘烤了。
8. 墊放冰水上降溫，並壓上重量待其冷卻定型。
9. 待完全冷卻後放入冰箱中冰鎮。
10. 分切後，放置回復至室溫時即可享用。也可依個人喜好添加芥末籽醬（用量外）食用。

以印度絞肉咖哩的方式做出凍派。隱藏於其中的是番茄汁的風味。

冷藏保存
2,3日

咖哩絞肉凍派

Meat terrine

◎材料（容器600ml模型1個）

牛絞肉——300g
洋蔥——1/4個
紅甜椒——1～2個
水煮蛋——2又1/2個
麵包粉——1/2杯
番茄汁——50ml
A
- 鹽——1小匙
- 黑胡椒——適量
- 咖哩粉——1又1/2大匙
- 番茄醬——3大匙

太白粉——適量

◉預備

- 在模型內舖放紙模。
- 以170℃預熱烤箱。

●製作方法

1. 切碎洋蔥。紅甜椒縱切成4等分，去籽後汆燙放涼備用。
2. 在模型的底部及側面都舖放上紅甜椒，並在紅椒內側撒上太白粉。
3. 將牛絞肉放置於缽盆中，加入A混拌至產生黏稠時，再放進麵包粉、番茄汁混合拌勻，再加入洋蔥混拌至均勻。
4. 將③的一半用量填放至②當中，中央放入水煮蛋後再用③填滿全部空隙。
5. 用鋁箔紙當成蓋子地覆蓋在模型上，以170℃的烤箱隔水加熱烘烤40～50分鐘。用竹籤刺入時不會流出紅色肉汁時，就完成烘烤了。
6. 墊放冰水上降溫，並壓上重量待其冷卻定型。
7. 待完全冷卻後放入冰箱中冰鎮。
8. 分切後，放置回復至室溫時即可享用。

將牛肉蔬菜湯的美味濃縮製成的一道凍派。也適合餽贈送禮。

冷藏保存
2,3日

牛肉蔬菜凍派

Meat terrine

◎材料（容器600ml模型1個）

牛腱肉——300g
洋蔥——1/2個
紅蘿蔔——1根
水——800ml
鹽——1小匙
黑胡椒——1/3小匙
月桂葉——1片
板狀明膠——9g（6片）

◉預備

- 牛腱肉切成5cm大小的塊狀，以鹽、黑胡椒搓揉後放置於冰箱靜置約1小時左右。
- 在模型內舖放紙模。
- 當高湯煮好時，將板狀明膠放於冰水至柔軟，備用。

●製作方法

1. 洋蔥縱向分切成6等分，紅蘿蔔切成兩段後縱向分切成4等分。

2. 牛腱肉稍稍洗淨後，放入鍋中與水和洋蔥一起用大火加熱。

3. 煮至沸騰後，撈除浮渣，放入月桂葉並改以小火繼續加熱。

4. 約煮30分鐘後，放入紅蘿蔔，當水份變少時，再酌量加入適量的水份，繼續煮到竹籤可以輕易刺穿肉塊，約需煮2小時。

5. 取出④的材料並視情況補充高湯至600ml（可使用高湯塊還原），趁熱時加入擰乾了水份的板狀明膠，使其溶於其中。

6. 在模型中均勻漂亮地排放上⑤的材料，並倒入湯汁。

7. 墊放冰水上降溫，放涼後移至冰箱冰鎮並定型。

8. 分切後，放置回復至室溫時即可享用。可依個人喜好添加粗鹽、粗粒黑胡椒等（用量外）。

用手將鹽、黑胡椒揉搓至牛腱肉當中做為醃漬調味。

邊想像分切時的斷面，邊決定排放紅蘿蔔的位置。

Merry

Seafood terrine

魚貝類法式凍派

魚貝類法式凍派，充滿著優雅高尚的雅緻感。
當然可以做為用餐的前菜，更適合搭配葡萄酒或香檳等享用。

只要利用食物調理機即可完成的簡單凍派。

鮭魚凍派

可冷凍保存

將材料放入食物調理機當中。

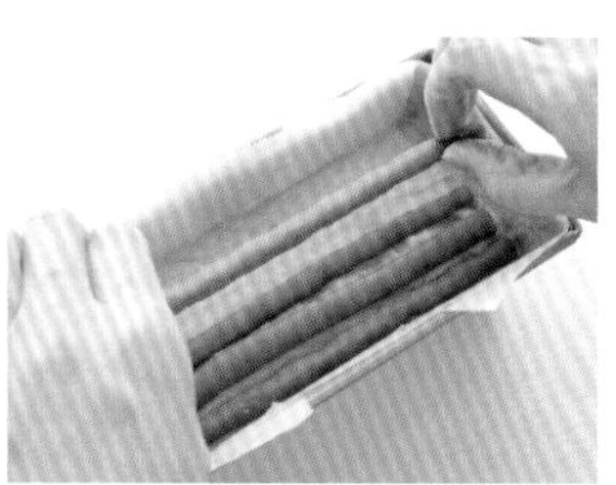
儘量使材料表面平整後，再排放上四季豆才能排出漂亮的斷面。

◎材料（容器600ml模型1個）

新鮮鮭魚——250g（去皮）
干貝——100g
雞蛋——1個
鮮奶油——200ml
奶油起司——60g
四季豆——5根
鹽——1/2小匙
黑胡椒——適量

◉預備

- 在模型內舖放紙模。
- 以150℃預熱烤箱。

●製作方法

1. 用鹽水將四季豆煮至柔軟。
2. 將鮭魚、干貝、奶油起司、鹽和黑胡椒放入食物調理機內，一起混拌攪打成糊狀。
3. 加入雞蛋、鮮奶油後，再次混拌。
4. 將③倒至模型一半，排放上①之後再繼續倒入其餘的材料並使表面呈現平整。
5. 用鋁箔紙當成蓋子地覆蓋在模型上，以150℃的烤箱隔水加熱烘烤30～40分鐘。用竹籤刺入時材料不會沾黏在竹籤時，就完成烘烤了。
6. 墊放冰水上降溫，並放壓較輕的重量待其冷卻。
7. 待完全冷卻後放入冰箱中冰鎮。

即使只有一片也有十足飽足感。馬鈴薯紮實不留隙縫地填入是最大的要訣。

冷藏保存
3,4日

馬鈴薯沙丁魚凍派

Seafood terrine

◎材料（容器600ml模型1個）
沙丁魚——6條（淨重300g）
馬鈴薯——400g
培根——6～8片
橄欖油——適量
鹽、黑胡椒——各適量
白酒醋——1大匙
荷蘭芹（巴西利）（切碎）——適量

◉預備

- 以170℃預熱烤箱。
- 沙丁魚以三片切法去骨切成兩片，以鹽、黑胡椒調味醃漬約10分鐘。

●製作方法

1. 在平底鍋中加熱橄欖油，從帶著沙丁魚皮的面開始香煎。翻面後澆淋上白酒醋，煎好後起鍋備用。
2. 馬鈴薯含皮一起水煮，煮至柔軟後剝除外皮，趁熱時壓碎並以鹽、黑胡椒調味。
3. 將培根肉片以少許重疊地排放在模型內。其餘的2～3片切成模型的寬度，預留以排放覆蓋在模型上方。
4. 依序將馬鈴薯、沙丁魚、馬鈴薯、沙丁魚地順序，緊實沒有空隙地排放在③當中，最後再覆蓋上預留的培根肉片。
5. 用鋁箔紙當成蓋子地覆蓋在模型上，以170℃的烤箱隔水加熱烘烤30～40分鐘。
6. 墊放冰水上降溫，並壓上重量待其冷卻定型。
7. 分切後，放置回復至室溫再搭配澆淋上荷蘭芹碎和橄欖油。

牡蠣的甘甜完全封鎖在蛋汁當中，口感有如乳霜般滑順。

冷藏保存
1,2日

法式蒸牡蠣凍派

◎材料（容器600ml模型1個）

牡蠣——5～6顆
麵粉——適量
洋蔥——1/4個
培根——2片
雞蛋——3個
鮮奶油——180ml
奶油(無鹽)——10g
鹽——1/3小匙
黑胡椒——適量
太白粉——適量

◉預備

- 在模型內側塗抹奶油(用量外)，並在底部舖放紙模。
- 以170℃預熱烤箱。

●製作方法

1. 牡蠣放入缽盆內，加入太白粉後輕輕地揉搓清洗，並用水沖洗乾淨。擦乾水份後再撒上麵粉。
2. 洋蔥切碎，培根肉分切成1cm寬的大小。
3. 以平底鍋加熱奶油，香煎①的兩面後起鍋備用。以相同的平底鍋熱炒培根，並加入洋蔥拌炒至洋蔥變軟爲止。
4. 在缽盆中打散雞蛋，加入鹽、黑胡椒混拌，放入③混合均勻。
5. 將④倒入模型中，放入煎過的牡蠣，用鋁箔紙當成蓋子地覆蓋在模型上，以170℃的烤箱隔水加熱烘烤50～60分鐘。用竹籤刺入時不會流出蛋汁時，就完成烘烤了。
6. 墊放冰水上降溫，冷卻後放入冰箱中冰鎮。

柔軟的燉飯製成的凍派，干貝與起司融合成的絕妙好滋味

冷藏保存
1,2日

干貝燉飯凍派

◎材料（容器600ml模型1個）

干貝（生食用）——3～5個
米——1杯
洋蔥——1/4個
蠶豆——10個
高湯塊——1塊
水——400ml
帕瑪森起司（粉狀）——1/4杯
橄欖油——1大匙
鹽——適量
黑胡椒——適量
板狀明膠——6g（4片）

◉預備

- 將板狀明膠浸泡於冰水中軟化備用。
- 在模型內舖放紙模。
- 在鍋中放入水及高湯塊，加熱溶化高湯塊製成高湯。
- 淘洗好白米後以網篩瀝乾備用。

●製作方法

1. 切碎洋蔥，蠶豆剝除薄皮。加熱高湯備用。
2. 在鍋中加熱橄欖油，拌炒洋蔥。
3. 拌炒至洋蔥變軟後，再加入白米。均勻拌炒後，加入高湯至白米可以完全浸泡的程度，轉爲小火加熱。
4. 不時地混拌，當高湯減少至白米露出高湯表面時，就再加入高湯。至白米煮至柔軟爲止，大約要重覆3次添加高湯的作業，最後加入擰乾水份的板狀明膠，並使其溶化。
5. 加入蠶豆和干貝，當蠶豆煮軟後，撒上帕馬森起司粉混拌，用鹽和黑胡椒調味。取出干貝備用。
6. 將⑤盛放至模型的一半後，擺放上干貝，接著再用⑤填滿所有的空隙。
7. 墊放冰水上降溫，冷卻後包妥保鮮膜，放入冰箱中冰鎮定型。
8. 分切後，放置回復至室溫時即可享用。可依個人喜好撒上粗粒黑胡椒（用量外）享用。

注入足以淹蓋白米的高湯，但要注意不要讓濺起的高湯燙傷自己。

在燉飯的中央處並排地擺放上干貝。

Seafood terrine

爽口的高湯包覆著鮮美的鯛魚，是最適合夏季的凍派

冷藏保存
2,3日

鯛魚馬賽魚湯凍派

◎材料（容器600ml模型1個）

鯛魚（生鮮、淨重）
——2～3片（約280g）
蛤蜊——200g
芹菜——1/2根
紅蘿蔔——1/3根
白酒——100ml
番紅花——1小撮
水——200ml
鹽——適量
黑胡椒——適量
板狀明膠——9g（6片）
橄欖油——1/2大匙
蒔蘿——適量

◉預備

- 蛤蜊浸泡在鹽水中吐砂後，充分洗淨。
- 鯛魚去骨以鹽、黑胡椒醃漬約10分鐘。
- 番紅花泡在200ml的水中備用。
- 板狀明膠浸泡於冰水中軟化備用。
- 在模型內側舖放保鮮膜。

●製作方法

1. 將芹菜、紅蘿蔔切成小丁塊狀。用平底鍋加熱橄欖油，先將鯛魚帶皮那一面朝下香煎，當兩面都煎熟後，起鍋備用。
2. 在同一平底鍋內拌炒芹菜及紅蘿蔔，拌炒至蔬菜變軟後，加入蛤蜊、白酒，番紅花與浸泡的水都一起倒入，蓋上鍋蓋後轉成大火加熱。
3. 在蛤蜊殼打開2～3分鐘後，熄火，取出蛤蜊，用鹽和黑胡椒調味，加入擰乾水份的板狀明膠，使其溶化。
4. 在模型中重疊地排放上鯛魚，倒入③。
5. 冷卻後放入冰箱中冰鎮定型。
6. 食用前以蒔蘿裝飾即可。

鯛魚去骨後，也要仔細地剔除魚刺。

在疊放的鯛魚上，澆淋上湯汁。

Seafood terrine

用慕斯做成大家熟悉三明治形狀的凍派。小黃瓜爽脆的口感充滿樂趣

冷藏保存
1,2日

鮪魚夾心凍派

◎材料（容器600ml模型1個）

鮪魚罐頭——240g
洋蔥——1/4個
小黃瓜——1又1/2根
吐司麵包（三明治用）
——1～2片
起司片——2片
鮮奶油——150ml
美奶滋——3大匙
鹽——1/4小匙
黑胡椒——適量
板狀明膠——6g（4片）

◉預備

- 板狀明膠浸泡於冰水中軟化備用。
- 在模型內舖放紙模。

●製作方法

1. 小黃瓜縱向刨成3～4mm的寬度，撒上少量的鹽（用量外）靜置片刻後，將水份確實擦乾。
2. 配合模型上端的大小，分切吐司麵包和起司片，將起司擺放在吐司麵包上放入烤箱內烘烤。
3. 鮪魚罐頭瀝乾水份後，放入食物調理機當中（如果沒有調理機時可以用刀子切成細碎狀），並加入洋蔥、美奶滋、鹽以及黑胡椒一同攪打成糊狀。
4. 鮮奶油以微波爐加溫，放入擰乾水份的板狀明膠，使其溶化，加入③當中混拌。墊放冰水上至產生濃稠冷卻爲止。

5. 在模型底部及側面舖放上小黃瓜後塡放入④，再將②的起司面朝下擺放上去。
6. 放入冰箱中冰鎭定型。

運用家中常見的魚漿製品組合成口感鬆軟的凍派

鮮蝦魚板凍派

可冷凍保存	冷藏保存 1,2日

Seafood terrine

◎材料（容器600ml模型1個）

鮮蝦（淨重）——350g
魚板——110g
黃甜椒——1/4個
鮮奶油——70ml
雞蛋——1個
白酒——1大匙
鹽——2/3小匙
黑胡椒——適量

● 起司醬汁

奶油起司——40g
鮮奶油——100ml
鹽——適量
黑胡椒——適量

◉預備

- 在模型內舖放紙模。
- 以160℃預熱烤箱。

●製作方法

1. 製作起司醬汁。在小鍋中放入鮮奶油及奶油起司，邊加熱邊混拌使其溶化，以鹽和黑胡椒調味。

2. 將黃甜椒切成小丁。

3. 鮮蝦、魚板、白酒、鹽及黑胡椒放入食物調理機內混拌，再加進雞蛋拌勻，最後混入黃甜椒。

4. 將③放入模型，並用鋁箔紙當成蓋子。

5. 以160℃的烤箱隔水加熱烘烤30～40分鐘。按壓時會有彈力並且用竹籤刺入時不會沾黏上材料時，就完成烘烤了。

6. 墊放冰水上降溫，待完全冷卻後放入冰箱中冰鎮。分切後澆淋上起司醬汁。

Vegetable terrine

蔬菜法式凍派

以當季蔬菜製成的健康美味凍派。
靈活運用蔬菜的形狀及色澤，更能兼顧美麗的外觀

加入大量夏季蔬菜並將美味濃縮於其中

夏季蔬菜凍派

冷藏保存
1,2日

拌炒至蔬菜變軟後，加入水和高湯塊燉煮。

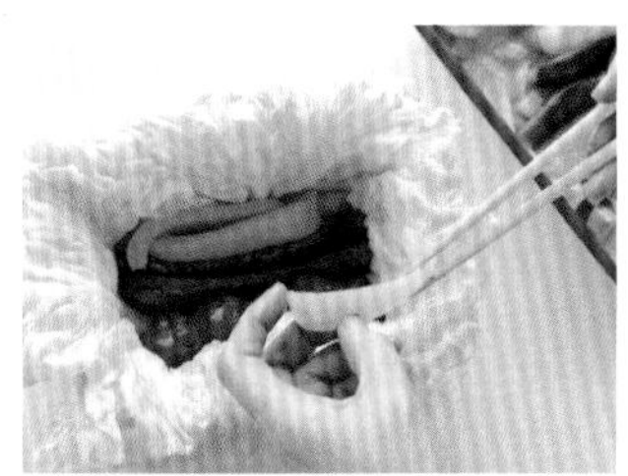

在考量蔬菜顏色排列的情況下，填放在模型中。

◎材料（容器600ml模型1個）

高麗菜——3～4片
茄子——2根
甜椒（黃）——1個
櫛瓜——1根
洋蔥——1/2個
小番茄——10個
大蒜——1瓣
培根——50g
橄欖油——1大匙
高湯塊——1個
水——100ml
鹽——適量
黑胡椒——適量
板狀明膠——9g（6片）

◉預備

- 將板狀明膠浸泡於冰水中軟化備用。
- 在模型內側舖放保鮮膜，並預留可覆蓋至表面的長度。

●製作方法

1. 汆燙高麗菜，並用廚房紙巾擦乾表面的水份。

2. 茄子、櫛瓜縱向切成4～6等分，水洗後備用。洋蔥切成月牙狀後，再橫向對切。甜椒去籽縱向分切成8等分。番茄去蒂、大蒜切碎、培根切成小丁。

3. 在較大的平底鍋內加熱橄欖油，拌炒②。拌炒至蔬菜變軟後，加水及高場塊，蓋上鍋蓋燉煮。

4. 當茄子和櫛瓜變軟後，加入擰乾水份的明膠。再次加熱至沸騰，以鹽、黑胡椒調味，混拌全體的材料後，放置使其降溫。

5. 將①舖放在模型底部，接著用④的食材毫無空隙地塡放入模型，再倒入湯汁至完全淹蓋住食材爲止。重覆這個動作至完全塡滿模型。

6. 高麗菜葉片包裹般地覆蓋，再包覆上保鮮膜，放壓上重量放入冰箱中冰鎮定型。

7. 分切後盛盤，並依個人喜好撒上粗粒黑胡椒（用量外）。

點心般的凍派。要記得選用香甜風味濃郁的番茄哦！

蜂蜜番茄凍派

冷藏保存
1,2日

Vegetable terrine

◎材料（容器600ml模型1個）

番茄——800g
蜂蜜——1又1/2大匙
檸檬汁——1又1/2大匙
鹽——1/4小匙
黑胡椒——適量
薄荷葉——15片
板狀明膠——10.5g(7片)
橄欖油——適量
薄荷（裝飾用）——適量

◉預備

- 板狀明膠浸泡於冰水中軟化備用。
- 在模型底部舖放紙模。

●製作方法

1. 番茄汆燙後去皮，粗略切成塊狀，去籽。薄荷葉用手撕碎。

2. 將①放入缽盆中，加入鹽、黑胡椒、蜂蜜、檸檬汁混拌。放入冰箱但需不時取出混拌，直至產生水份為止，大約需冰鎮2小時左右。

3. 取100ml從②產生的水份，以微波加熱。加入擰乾水份的板狀明膠，使其溶化。

4. 將③加入②當中，全體均勻混拌，加入薄荷葉。

5. 把④倒入模型中。

6. 包妥保鮮膜後放入冰箱中冰鎮定型。

7. 分切後澆淋上橄欖油，以薄荷葉裝飾即可。

在玉米最美味的季節時，請務必試試看。咖哩的提味更是一絕。

冷藏保存
1,2日

玉米凍派

◎材料（容器600ml模型1個）

玉米——約1又1/2根
新嫩洋蔥——1/5個
水——160ml
鮮奶油——100ml
高湯塊——1/2個
板狀明膠——7.5g（5片）
鹽——1/3小匙
黑胡椒——適量
橄欖油——1/2大匙
咖哩粉——適量

● 法式咖哩玉米

玉米——1/2根
新嫩洋蔥（切碎）——2大匙
鹽——適量
黑胡椒——適量
咖哩粉——2/3小匙
橄欖油——1/2大匙

◉預備

● 板狀明膠浸泡於冰水中軟化備用。

●製作方法

1. 用刀子將玉米的玉米粒削切下來，並將洋蔥切成薄片。

2. 製作法式咖哩玉米。玉米以微波稍稍加熱後，與洋蔥混拌，加入咖哩粉、鹽、黑胡椒等調味，再混拌上橄欖油。

3. 在鍋中加熱橄欖油，拌炒①至洋蔥炒熟呈透明色澤時，加入水及高湯塊燉煮。

4. 當玉米煮至柔軟時，加入鹽、胡椒調味。待溫度稍降後放入食物調理機攪打，再以濾器過濾。

5. 鮮奶油以微波加熱後，加入擰乾水份的板狀明膠，使其溶化。加入④當中混拌。

6. 在模型放入法式咖哩玉米後，再加進⑤的材料。

7. 以保鮮膜包妥後放入冰箱中冰鎮定型，表面撒上咖哩粉。

呈現出蘑菇本身的美味。香辣的黑胡椒更具畫龍點睛的效果。

冷藏保存
1,2日

蘑菇凍派

◎材料（容器600ml模型1個）

蘑菇——160g
洋蔥——1/5個
水——100ml
牛奶——50ml
鮮奶油——150ml
高湯塊——1/2個
奶油（無鹽）——10g
鹽——1/3小匙
粗粒黑胡椒——適量
鮮奶油——適量
香葉芹＊——適量
板狀明膠——7.5g（5片）

＊香葉芹 Cerfeuil
是芹菜科的辛香植物。有著優雅的香氣和風味。

◉預備

- 板狀明膠浸泡於冰水中軟化備用。
- 在模型內舖放紙模。

●製作方法

1. 挑選出5～6個形狀漂亮的蘑菇，其餘的都分切成4等分。洋蔥切成薄片。

2. 在鍋中加熱奶油，拌炒蘑菇及洋蔥。

3. 拌炒至蘑菇變軟後，加入水、牛奶以及高湯塊，煮2～3分鐘後，再以鹽、黑胡椒調味。加入擰乾水份的板狀明膠，使其溶化。

4. 當③溫度略降之後，將預先挑選的5～6顆蘑菇取出，其餘的食材都放入食物調理機內攪打。移至缽盆中，墊放冰水上並不斷地混拌至產生濃稠冷卻爲止。

5. 同時打發鮮奶油，打發至鮮奶油略略沾黏攪拌器的程度（約打至六～七分發）。

6. 取少量的⑤加入④當中，充分混拌之後，倒回⑤的缽盆中，全體以橡皮刮刀粗略地混拌。

7. 將⑥倒入模型中約一半的高度，將預先取出的漂亮蘑菇以菇帽朝下的方向並排在模型中，再倒入其餘⑥的材料。

8. 包妥保鮮膜放入冰箱中冰鎮定型。點綴上鮮奶油、粗粒黑胡椒及香葉芹即可。

拌炒至蘑菇和洋蔥變軟為止。

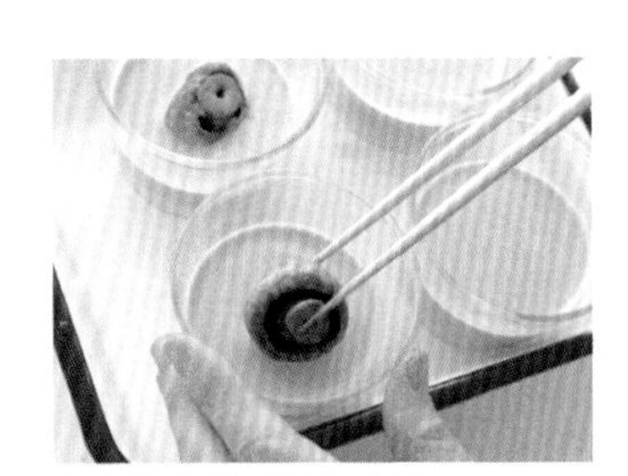

蘑菇的菇帽朝下地排放。

Vegetable terrine

裹滿蛋汁風味濃郁的裸麥麵包，是讓人著迷的美妙滋味

竹筍法式鹹凍派

冷藏保存
1,2日

◎材料（容器600ml模型1個）

竹筍（水煮）——120g
新嫩洋蔥——1/5個
奶油起司 Cream cheese——60g
裸麥麵包——5～6片
雞蛋——3個
鮮奶油——220g
奶油（無鹽）——10g
鹽——1/2小匙
黑胡椒——適量

◉預備

- 在模型內塗抹奶油（用量外），舖放紙模。
- 以170℃預熱烤箱。

●製作方法

1. 竹筍切成5mm的薄片。洋蔥也切成薄片。
2. 在模型的底部及側面都舖放上裸麥麵包。側面舖放的麵包必須高過模型。
3. 在底部的麵包上塗抹厚厚的奶油起司。
4. 用平底鍋加熱奶油，放入洋蔥和竹筍拌炒，再撒上少量的鹽及黑胡椒（用量外）。
5. 在缽盆中攪打雞蛋，並放入鮮奶油、鹽、黑胡椒等混拌。
6. 將④倒入③的模型中，注入⑤並稍加靜置，使蛋液可以滲入麵包當中。
7. 不用加蓋地放入170℃的烤箱烘烤30～40分鐘。烘烤過程中如果麵包開始產生焦色時，可以蓋上鋁箔紙烘烤。用竹籤刺入不會流出蛋液時，就完成烘烤了。直接在模型中冷卻放涼。

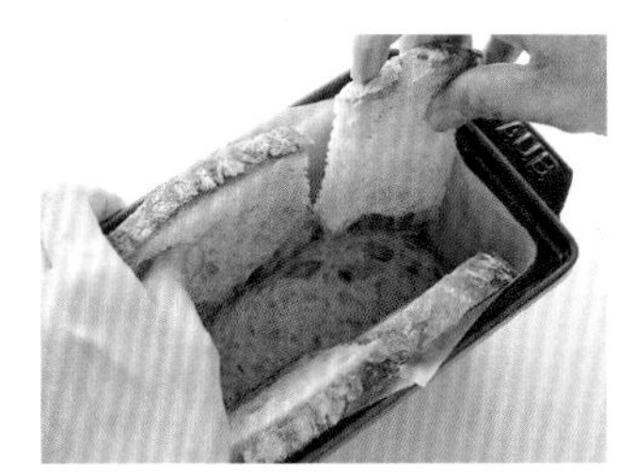

在模型的底部和側面都緊實地舖放裸麥麵包。

厚厚地塗抹上奶油起司。即使塗抹得不夠均勻也沒關係，大致塗抹即可。

稍加放置到蛋液滲入麵包中，使變麵包變得柔軟為止。

Vegetable terrine

用爽口且充滿薄荷及檸檬香氣的庫斯庫斯沙拉製成的凍派

冷藏保存
1週

庫斯沙拉凍派

◎材料（容器600ml模型1個）

北非小米＊——1杯
紫洋蔥——1/4個
小黃瓜——1/2根
番茄——1個
薄荷葉——15片
水——220ml
檸檬汁——40ml
橄欖油——2大匙
鹽——1小匙
黑胡椒——適量
板狀明膠——6g（4片）
檸檬——適量

＊北非小米 Couscous semoule
發源地始於非洲北部至中東一帶，由麵粉（杜蘭小麥）製成，是通心麵的一種，semoule就是顆粒的意思。使用了這種材料的料理一般都以音譯爲庫斯庫斯（Couscous）。

◉預備

- 板狀明膠浸泡於冰水中軟化備用。
- 在模型內舖放紙模。

●製作方法

1. 紫洋蔥、小黃瓜、番茄去籽切成粗粒狀，薄荷葉用手撕碎。
2. 在鍋中放入水並加少量的鹽（用量外）加熱，煮至沸騰後，加入擰乾水份的板狀明膠，使其溶化。熄火後，加入北非小米，粗略混拌後蓋上鍋蓋，燜蒸至小米變軟約5分鐘左右。
3. 趁熱在②中加入鹽、黑胡椒、檸檬汁混拌，最後再加入橄欖油拌勻。
4. 溫度略降後，加入①混拌。
5. 紮實沒有空隙地填滿在模型中，包妥保鮮膜放入冰箱中冰鎮定型。
6. 分切後，點綴上檸檬即可。

加入北非小米，粗略混拌。

燜蒸之後，趁熱加入鹽、黑胡椒、檸檬汁和橄欖油混拌。

Vegetable terrine

干貝的鮮美與香煎蘆筍的香氣，是難以言喻的美味

蘆筍干貝凍派

冷藏保存
1,2日

Vegetable terrine

◎材料（容器600ml模型1個）

綠蘆筍——15～17根
干貝罐頭——1罐(110g)
雞湯——300ml
橄欖油——1/2大匙
鹽——適量
黑胡椒——適量
板狀明膠——10.5g(7片)

◉預備

- 板狀明膠浸泡於冰水中軟化備用。
- 在模型內舖放紙模。

●製作方法

1. 切除綠蘆筍的根部，用刨刀削去底部的外皮。
2. 在平底鍋中加熱橄欖油，香煎①並撒上鹽、黑胡椒後起鍋。將綠蘆筍配合模型長度分切。
3. 將干貝罐頭連同湯汁以及雞湯，一起放入鍋中加熱，以鹽和黑胡椒調味。趁熱加入擰乾水份的板狀明膠，使其溶化。
4. 將③移至缽盆中，墊放冰水上邊以橡皮刮刀混拌至變涼且產生濃稠。
5. 將模型墊放在冰水上，同時將綠蘆筍排放在模型中，倒入④的湯汁至淹蓋綠蘆筍爲止，再次排放綠蘆筍後注入④的湯汁，重覆進行這個動作。
6. 包妥保鮮膜後，放入冰箱中冰鎮定型。

濃郁的芝麻軟凍是使用了豆腐的健康美食。無花果的橫切斷面令人心動。

當日食用

無花果芝麻凍派

◎材料（容器600ml模型1個）

無花果——3～4個
白芝麻醬——4大匙
豆漿——50ml
絹豆腐——1塊(300g)
醬油——1/2大匙
砂糖——1大匙
鹽——適量
炒香白芝麻——適量
板狀明膠——9g(6片)

◉預備

- 板狀明膠浸泡於冰水中軟化備用。
- 在模型內舖放紙模。

●製作方法

1. 無花果去皮。

2. 將絹豆腐、白芝麻醬、醬油、砂糖和鹽一起放入食物調理機內一同混拌，攪打成糊狀。如果沒有食物調理機時，則可以用攪拌器或橡皮刮刀均匀混拌至滑順爲止。

3. 豆漿以微波爐加熱後，加入擰乾水份的板狀明膠，使其溶化。

4. 將③加入②當中混拌，移至缽盆中，墊放在冰水上不斷地混拌至變涼且產生濃稠。

5. 在模型中倒入少量的④，稍稍凝固後，排放上無花果，再注入其餘的④。

6. 以保鮮膜包妥後，放入冰箱中冰鎮定型。凝固後分切，並撒上白芝麻。

Other terrine

其他的法式凍派

咖哩、壽司等只要壓入模型當中，都可以製成凍派。
不僅外型華麗也更方便食用，最適合宴會時大家一起分享。

讓人忍不住想要搭配啤酒的凍派。請選用最美味的香腸來製作哦。

香腸扁豆咖哩凍派

冷藏保存 1,2日

在考慮斷面的情況下擺放香腸。

◎材料（容器600ml模型1個）

香腸(長型)——5～6根
扁豆——1/2杯
洋蔥——1/4個
水——400ml
高湯塊——1/2個
橄欖油——1/2大匙
咖哩粉——1大匙
鹽——適量
黑胡椒——適量
黃芥末醬——適量
板狀明膠——9g(6片)

◉預備

- 板狀明膠浸泡於冰水中軟化備用。
- 在模型內舖放紙模。
- 扁豆洗淨後浸泡在水中約10分鐘。

●製作方法

1. 洋蔥切碎備用。
2. 在鍋中加熱橄欖油，放入洋蔥和扁豆拌炒。洋蔥炒熟後，加進香腸和咖哩粉拌炒。
3. 在②中加進水和高湯塊，蓋上鍋蓋煮至扁豆變軟。
4. 以鹽、黑胡椒調味，再加入擰乾水份的板狀明膠，使其溶化。
5. 把④墊放在冰水上，不斷地混拌至變涼且產生濃稠。
6. 考量到斷面地均衡，將香腸及扁豆排放填滿模型。
7. 包妥保鮮膜，放入冰箱中冰鎮定型。
8. 分切後，搭配上黃芥末醬即可。

試試彷彿蛋糕般的長條壽司吧？可以依個人喜好添加各式各樣的配料

當日
食用

長條壽司

◎材料（容器 600ml 模型 1 個）

米——2杯
昆布——8cm 方塊
A ┌ 米醋——40ml
　│ 砂糖——2又1/2大匙
　└ 鹽——1/2大匙
鮭魚卵——2大匙
鮭魚鬆——4大匙
蛋絲——雞蛋1個的份量
豌豆夾——4～5個

◉預備

- 在模型內舖放紙模。
- 將A拌勻備用。

●製作方法

1. 在白米中放入昆布，與平常同樣的方式煮飯，煮好後取出昆布，加入A混拌做成壽司飯。
2. 豌豆夾先用鹽水燙煮後，斜切成條狀。
3. 在模型的底部舖放蛋絲。
4. 將①盛放至模型的一半，按壓米飯使米粒緊實不留空隙地填滿。
5. 均勻地遍布地撒上鮭魚鬆，並將其餘的①再次按壓填滿模型。
6. 脫模之後，在蛋絲的上方撒放豌豆絲和鮭魚卵裝飾。

在遍撒上鮭魚鬆之後，再次將壽司飯按壓填入模型中。四個角落都按壓填滿米飯時，就能決定完成時的形狀了。

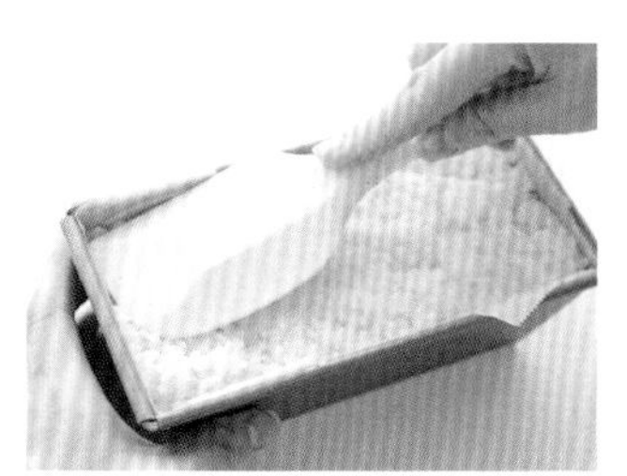

模型中填滿米飯後，必須由上端緊實地按壓以固定形狀。

Other terrine

可以看到銀杏和鵪鶉蛋切口的肉粽風凍派

中式油飯

冷藏保存
2,3日

Other terrine

◎材料（容器600ml模型1個）

糯米——1杯
乾燥香菇——2大顆
蝦米——5g
豬五花肉(塊)——80g
鵪鶉蛋(水煮)——6個
銀杏(水煮)——10個
糖煮栗子——4個
芝麻油——1/2大匙
醬油——2大匙
米酒——1大匙
水——適量

◉預備

- 乾燥香菇、蝦米一起先浸泡在300ml的水中，浸泡還原至柔軟。浸泡後的水留下備用。
- 在模型內舖放紙模。
- 以170℃預熱烤箱。

●製作方法

1. 糯米淘洗後以網篩瀝乾備用。豬五花肉和香菇都切成8mm的塊狀，蝦米切碎備用。

2. 在平底鍋中加熱芝麻油，放入豬五花肉拌炒，再依序加入香菇及蝦米拌炒。

3. 加入糯米後，略加翻炒後，倒入水和浸泡香菇和蝦米的還原水共300ml，接著加入醬油、酒、鵪鶉蛋、銀杏和糖煮栗子，拌炒至水份完全收乾。

4. 將③毫無間隙地填滿模型，在模型表面蓋覆上廚房紙巾後，再用鋁箔紙覆蓋。

5. 以170℃的烤箱隔水加熱烘烤30～40分鐘。

6. 略降溫後即可分切。

香嫩軟Q的蘿蔔糕，以芝麻油香煎食用。

可冷凍保存

冷藏保存 2,3日

蘿蔔糕

◎材料（容器600ml模型1個）

蘿蔔（淨重）——250g
水——250ml
蝦米——2大匙
燒烤豬肉——30g
A
- 在來米粉——150g
- 太白粉——2大匙
- 水——100ml
- 鹽——1/2小匙

芝麻油——適量
香菜——適量
豆瓣醬——適量
醬油——適量
醋——適量

◉預備

- 蝦米先用水（用量外）浸泡還原，切碎備用。
- 在模型內舖放紙模。
- 以170℃預熱烤箱。

●製作方法

1. 蘿蔔切絲，燒烤豬肉切成小丁。在鍋中放入蘿蔔、水和蝦米，加熱煮至蘿蔔變軟。
2. 將A放入較大的缽盆中，以攪拌器混拌。
3. 將②以逐次少量的方式加入①當中，並用攪拌器攪散蘿蔔般地混拌材料。加入燒烤豬肉混拌。
4. 將③放入模型中，表面覆蓋上廚房紙巾，再蓋上鋁箔紙。
5. 以170℃的烤箱隔水加熱烘烤40～50分鐘。
6. 直接以模型冷卻，放入冰箱中冰鎮。

7. 刀子沾濕分切後，在平底鍋內加熱芝麻油，香煎。添加香菜及豆瓣醬並澆淋上醬油和醋。

更多充滿樂趣的搭配組合

製作成的凍派。最初可以直接享用，
次日則可以試試看各種充滿樂趣的組合搭配。

如同吐司當早餐

使用的凍派 »［ 竹筍法式鹹凍派(P.50) ］

擺放上比薩用的起司，以烤箱烘烤。
搭配上添加水果的優格，就是豐盛的
早餐了。

添加在沙拉當中

使用的凍派　鮭魚凍派(P.34)

將凍派切成塊狀放入青蔬沙拉中，就是一道美味的料理了。

擺放在三明治上作爲點心

使用的凍派 ／［雞肝凍派(P.24)］

擺放在切成薄片的法式鄉村麵包上，再放上酸黃瓜（醃漬小黃瓜），就是簡易三明治了。

宴會時的下酒小菜

使用的凍派 » 義式雞肉捲凍派(P.26)

切成塊狀後，與起司、小番茄和橄欖一起用叉子串起，就是美味的小菜了。

香煎後做爲主菜

使用的凍派 »[**甘薯牛肉凍派**(P.29)]

表面用橄欖油香煎，並以高麗菜絲和小番茄做爲配菜。

Part 3

輕鬆完成！
慕斯

水果慕斯

Fruit mousse

水果，最適合搭配冰涼爽口的慕斯。
在此也一併介紹使用了乾燥水果及寒天的慕斯。

用香蕉製作出成熟風味的慕斯。是最適合濃縮咖啡的點心。

焦糖香蕉慕斯

冷藏保存
1,2日

焦糖在加熱水時很容易飛濺出來，必須多加留意。

焦糖化的香蕉，更能呈現成熟的風味。

◎材料（容器600ml模型1個）

香蕉——180g
鮮奶油——200g
牛奶——70ml
白蘭地——1/2大匙
板狀明膠——9g（6片）
細砂糖——200g
熱水——120ml
冷凍派皮——1片
蛋液——少量

● 焦糖香蕉

A
- 香蕉——1根（80g）
- 奶油（無鹽）——5g
- 細砂糖——10g

◉預備

- 板狀明膠浸泡於冰水中軟化備用。
- 在模型內舖放紙模。
- 用叉子在冷凍派皮的表面刺出均勻孔洞，刷塗上蛋液後，以180℃烤箱烘烤約20分鐘，切出模型上端的大小尺寸。

●製作方法

1. 在小鍋中放入細砂糖加熱，煮至呈茶褐色時加入熱水，製作成焦糖液，分取出一半的用量。
2. 在平底鍋內放入A的奶油和細砂糖加熱至顏色呈淺褐色時，放進A的香蕉煎至表面完全沾裹上色並煎透，取出放涼備用。
3. 以微波爐加熱牛奶，放入擰乾水份的板狀明膠，使其溶化。
4. 將①的一半用量的焦糖漿、③、香蕉、鮮奶油以及白蘭地，全都放入食物調理機中混合攪打。
5. 將④放入缽盆中，墊放在冰水上冷卻至開始產生黏稠。
6. 在模型中倒入⑤至模型的一半後，在中央處放置②的香蕉，接著倒入⑤其餘的材料。
7. 在模型上端擺放上烘烤後的派皮，包妥保鮮膜後放入冰箱中冰鎮定型。
8. 分切後，澆淋上①的焦糖液。

水蜜桃與白酒製成的果凍。雙層的造形非常可愛討喜！

水蜜桃雞尾酒果凍

冷藏保存
1,2日

Fruit mousse

◎材料（容器600ml模型1個）

水蜜桃——1個（250g）
水——200ml
白酒——200ml
細砂糖——80g
優格（無糖）——3大匙
板狀明膠——13.5g（9片）
薄荷——適量

◉預備

- 板狀明膠浸泡於冰水中軟化備用。
- 在模型內舖放紙模。

●製作方法

1. 用果汁機攪打水蜜桃成果泥。
2. 將水、白酒、細砂糖放入鍋中加熱。加熱至細砂糖溶化後熄火，放入擰乾水份的板狀明膠，使其溶化。
3. 將①移至缽盆中，加入②混合拌勻。墊放在冰水上，並不時地邊混拌邊冷卻至開始產生黏稠。
4. 分取出150ml的③與優格混拌。
5. 將模型墊放在冰水上，再將③倒入至模型中。
6. 待⑤幾乎凝固後，再將④沿著模型側面輕巧地倒入其中。包妥保鮮膜後放入冰箱中冰鎮定型。
7. 分切後，裝飾上薄荷。

使用較少量的明膠來製作。以湯匙舀取食用。

冷藏保存
1,2日

鳳梨椰奶慕斯

◎材料（容器 600ml 模型 1 個）

椰奶——200ml
鳳梨——120g
鮮奶油——120ml
板狀明膠——3g（2片）
細砂糖——30g
櫻桃酒——1小匙
A ┌ 牛奶——100ml
  └ 細砂糖——60g
堅果（碎粒）——適量

◉預備

• 板狀明膠浸泡於冰水中軟化備用。

●製作方法

1. 鳳梨切成小塊。在平底鍋中放入細砂糖和鳳梨加熱，煮至細砂糖融化後轉爲大火收乾水份，加入櫻桃酒後熄火，降溫。取出部份鳳梨留做裝飾用。

2. 在小鍋中放入 A 加熱至細砂糖溶化後，熄火，放入擰乾水份的板狀明膠，使其溶化。

3. 加入椰奶混拌，墊放在冰水上邊混拌邊冷卻至開始產生黏稠。

4. 鮮奶油打發至攪拌器劃過時會留有線條的程度（大約打至六～七分發）。

5. 取少量的④加在③當中，混拌均勻後，再加回④當中以橡皮刮刀大動作粗略地混合拌勻。

6. 在模型底部倒入①接著再倒入⑤，包妥保鮮膜後放入冰箱中冰鎮定型。

7. 在表面撒上堅果，和裝飾用鳳梨。

起司與甜柿的組合眞是絕配！也可以使用乾燥的水果。

甜柿焗起司蛋糕

冷藏保存
2,3日

◎材料（容器 600ml 模型 1 個）

奶油起司——250g
細砂糖——50g
雞蛋——1個
牛奶——50ml
檸檬汁——1小匙
低筋麵粉——10g
柿餅——3～4顆
白蘭地——1小匙

◉預備

- 在模型內舖放紙模。
- 以170℃預熱烤箱。
- 奶油起司放置回復室溫備用。

●製作方法

1. 將柿餅切成薄片，加入白蘭地混拌備用。
2. 在缽盆放入奶油起司，用攪拌器攪打至滑順後，加入細砂糖充分拌勻。
3. 打散雞蛋，分3次加入②當中，每次加入後都必須充分混拌。再逐次少量加入牛奶和檸檬汁。
4. 低筋麵粉邊過篩邊加入其中，充分混拌後，加入①混合拌勻。
5. 倒入模型當中，以170℃的烤箱烘烤30～40分鐘。當烘烤至表面呈淡淡烘烤色澤時，即已完成。直接在模型中放涼即可。

寒天立即可以凝固的特色正是方便之處。哈蜜瓜與牛奶的淡雅色澤賞心悅目。

當日食用

哈蜜瓜杏仁豆腐

◎材料（容器600ml模型1個）

哈蜜瓜——80g
牛奶——360ml
水——180ml
細砂糖——50g
杏仁粉——15g
寒天粉——3g

●製作方法

1. 將哈蜜瓜切成小塊。
2. 在鍋中放入水和牛奶、細砂糖、杏仁粉、寒天粉加熱，邊混拌邊煮至沸騰後再煮滾2～3分鐘。
3. 在②中加入哈蜜瓜混拌。
4. 在模型底部墊放冰水降溫，在模型中倒入③。材料稍稍凝固時，用竹籤等將哈蜜瓜壓入材料中。包妥保鮮膜放入冰箱30分鐘至1小時冷卻冰鎮。

Chocolate & Milk mousse

巧克力、乳製品慕斯

使用巧克力或乳製品時，製成的慕斯會呈現出豐富且具深度的風味。
請務必搭配美味的咖啡或紅茶一起享用。

最適合搭配酸甜覆盆子、風味單純的慕斯

巧克力慕斯

當日
食用

用隔水加熱來融化巧克力。

先取少量蛋白霜拌入巧克力等材料當中混拌均勻後，再加入其餘的蛋白霜。

◎材料（容器600ml模型1個）

苦甜巧克力——180g
覆盆子——20顆
雞蛋——3個
細砂糖——45g
板狀明膠——4.5g（3片）

● 覆盆子醬

A
- 覆盆子——20顆
- 細砂糖——20g
- 檸檬汁——1小匙

◉預備

- 板狀明膠浸泡於冰水中軟化備用。
- 在模型內舖放紙模。

●製作方法

1. 製作覆盆子醬。在小鍋中放入A的覆盆子、細砂糖和檸檬汁加熱，煮至濃稠。
2. 將苦甜巧克力切碎，放入較大的缽盆中，以隔水加熱法融化備用。
3. 趁巧克力未降溫前，放入擰乾水份的板狀明膠，使其溶化。加入覆盆子搗碎般地混拌至其中。
4. 分開雞蛋的蛋黃和蛋白，蛋黃加入③當中混拌。蛋白放入較大的缽盆中。
5. 蛋白以攪拌器攪拌幾次後，加入用量一半的細砂糖，打發至蛋白尖角略呈下垂狀態。再加入其餘的細砂糖，再次攪打至蛋白尖角略呈直立狀態。
6. 將少量的⑤加入巧克力材料中均勻混合，再加入其餘的蛋白霜，以橡皮刮刀大動作粗略地混合拌勻。
7. 將⑥倒入模型中，以保鮮膜包妥後放入冰箱中冰鎮定型。
8. 分切後，搭配上覆盆子醬。

杏仁風味的牛奶呈現出溫順柔和的口感。

杏仁牛奶凍

冷藏保存
1,2日

◎材料（容器600ml模型1個）

杏仁片——80g
牛奶——360ml
鮮奶油——180g
細砂糖——100g
板狀明膠——10.5g（7片）
杏仁片（裝飾用）——適量

◉預備

- 板狀明膠浸泡於冰水中軟化備用。

●製作方法

1. 在鍋中放入牛奶、杏仁片和細砂糖加熱，邊混拌邊煮約3分鐘煮滾，蓋上鍋蓋燜3分鐘左右。
2. 過濾①後加入擰乾水份的板狀明膠，使其溶化。
3. 加入鮮奶油混合拌勻。
4. 倒入模型中，包妥保鮮膜後放入冰箱中冰鎮定型。
5. 盛盤後，撒上烘烤過的杏仁片裝飾。

將杏仁的香氣轉移至牛奶當中。

在缽盆中架放網篩，以過濾出杏仁片。

只要混拌材料即可的簡單蛋糕。搭配了果醬更能增添美味。

冷藏保存
1,2日

優格起司

◎材料（容器600ml模型1個）

奶油起司——200g
優格（無糖）——120g
牛奶——60ml
細砂糖——50g
檸檬汁——1大匙
板狀明膠——6g（4片）
脆餅——30g
奶油（無鹽）——15g

● 紅酒糖漬櫻桃
（方便製作的份量）

A
- 美國櫻桃——20顆
- 紅酒——200ml
- 細砂糖——100g

◉預備

- 板狀明膠浸泡於冰水中軟化備用。
- 在模型內舖放紙模。
- 奶油起司放置回復室溫備用。

●製作方法

1. 紅酒糖漬櫻桃。在小鍋中放入A的紅酒、細砂糖加熱，煮沸後加進美國櫻桃，再煮約5分鐘，放置冷卻備用。冰箱冷藏可保存3～4天。

2. 脆餅切碎，加入柔軟的奶油混拌後，緊實地邊按壓邊舖平在模型底部。可以在脆餅的表面放上保鮮膜後，再按壓即可。

3. 在缽盆中放入奶油起司，以攪拌器攪打至呈滑順狀態後加入細砂糖混合拌勻。

4. 以微波爐加熱牛奶，放入擰乾水份的板狀明膠，使其溶化。

5. 在③當中分兩次加入優格混拌，也拌入檸檬汁。最後再加入④混合拌勻。

6. 倒入鋪好②的模型，包妥保鮮膜後放入冰箱中冰鎮定型。

7. 在完成的優格起司上，裝飾上瀝乾水份的紅酒糖漬櫻桃。

原是使用了義式杏仁甜餅的布丁。可以嚐到巧克力蛋糕般的濃醇風味。

冷藏保存
1,2日

可可杜林布丁

◎材料（容器600ml模型1個）

雞蛋——3個
鮮奶油——100ml
牛奶——200ml
細砂糖——100g
可可粉——30g
杏仁餅乾（蛋白杏仁餅Macaron的外側也可以）——30g

● 焦糖液

A ┌細砂糖——40g
　└水——1大匙

◉預備

● 以160℃預熱烤箱。

●製作方法

1. 製作焦糖液。將A的細砂糖放在小鍋內，加熱並同時不斷地攪拌細砂糖。加熱至開始冒出小小氣泡，顏色變成茶褐色時，熄火，添加水份製作焦糖液。趁熱時倒入模型底部。

2. 將杏仁餅乾放入食物調理機裡，攪打成細碎狀態。如果沒有食物調理機時，可以放入塑膠袋內，以擀麵棍將餅乾壓碎。

3. 將蛋打入缽盆中打散，加入可可粉混拌均勻。

4. 在小鍋入放入牛奶、鮮奶油、細砂糖和②，加熱至細砂糖溶化。

5. 將④逐次少量地加入③當中混拌，再倒入已有焦糖底的模型中。

6. 用鋁箔紙當成蓋子，覆蓋在模型上，以160℃的烤箱隔水加熱烘烤40～50分鐘。用竹籤刺入不會流出蛋液時，就完成烘烤了。

7. 墊放冰水上降溫，包妥保鮮膜後放入冰箱中冰鎮。

嚴選使用的巧克力並製作出細緻的蛋白霜，就是美味的要訣。

巧克力蛋糕

冷藏保存
2,3日

Chocolate & Milk mousse

◎材料（容器600ml模型1個）

苦甜巧克力——70g
奶油(無鹽)——50g
可可粉——25g
低筋麵粉——5g
雞蛋——2個
細砂糖——60g
鮮奶油——適量

◉預備

- 將可可粉與低筋麵粉混拌，過篩備用。
- 在模型中舖放紙模。
- 以170℃預熱烤箱。

●製作方法

1. 在較大的缽盆中放入苦甜巧克力，以隔水加熱來融化巧克力備用。
2. 趁熱時加入奶油，混拌至奶油融化。必要時可以再次隔水加熱。
3. 分出雞蛋的蛋黃和蛋白，蛋黃加入②當中混合拌勻，蛋白則放入其他缽盆中備用。
4. 以攪拌器攪打蛋白幾次後，加入1/3用量的細砂糖，攪打至蛋白尖角略略下垂的打發狀態後，再加入剩下用量一半的細砂糖。繼續打發至蛋白尖角略略直立時，加入其餘用量的細砂糖打發，製成蛋白霜。
5. 取少量的④加入③的材料中，充分混拌後將其餘的④加入其中，以橡皮刮刀大動作混拌均匀。
6. 再加入可可粉和低筋麵粉，混拌至全體成爲滑順狀態。
7. 將⑥倒入模型中，以橡皮刮刀平整表面後，以170℃的烤箱烘烤35～45分鐘。用竹籤刺入時不會沾黏，就完成烘烤了。
8. 脫模後，放在蛋糕冷卻架上放涼。
9. 分切後，再裝飾上稍打發的鮮奶油(用量外，約打至六～七分發)。

簡單且廣受喜愛的點心。如果沒有手指餅乾時，使用海綿蛋糕也 OK。

當日
食用

提拉米蘇

◎材料（容器 600ml 模型 1 個）

馬斯卡邦起司——70g
雞蛋——1 個
細砂糖——30g
手指餅乾——8 ～ 10 個
濃縮咖啡——100ml
細砂糖——15g
可可粉——適量

◉預備

● 濃縮咖啡先加入細砂糖溶解冷卻備用。

●製作方法

1. 在較大的缽盆中放入馬斯卡邦起司，用攪拌器攪拌至表面呈滑順狀態。
2. 分開雞蛋的蛋黃和蛋白，蛋黃加入①當中混合拌勻。
3. 以攪拌器攪打蛋白幾次後，加入 1/3 用量的細砂糖，攪打至蛋白尖角略略下垂的打發狀態後，再加入剩下用量一半的細砂糖。繼續打發至蛋白尖角略略直立時，加入其餘用量的細砂糖打發，製成蛋白霜。
4. 取少量的③加入②的材料中，充分混拌後將其餘的蛋白霜加入其中，以橡皮刮刀大動作混拌均勻。
5. 在模型底部排放上手指餅乾，再用濃縮咖啡澆淋在餅乾上。
6. 將④倒入模型中，包妥保鮮膜後放置冰箱冰鎮。
7. 在表面撒上可可粉。

日式點心

蜜豆或浮島等甜點，放入模型後都呈現出不同型態的可愛風貌。
以日式點心材料製作出的慕斯，是耐人尋味的新發現。

最受歡迎的蜜豆甜品。只要搭配上冰淇淋就成了冰淇淋蜜豆。

蜜豆慕斯

當日食用

製作寒天液。邊混拌邊加熱至沸騰。

完成時模型底部將會是成品的上方，所以要注意草莓的排放方向。

◎材料（容器600ml模型1個）

草莓——11～13顆
（略大並且每顆儘量大小一致）
黑砂糖——20g
水煮紅豆——30g
水——400ml
細砂糖——20g
寒天粉——4g
A［脫脂奶粉——1大匙
　細砂糖——10g

◉預備

● 草莓去蒂備用。

●製作方法

1. 在鍋中放入細砂糖、寒天粉加熱。邊混拌邊加熱至沸騰，沸騰後繼續滾煮2～3分鐘。

2. 取100ml的①，加入黑砂糖使其溶化後，放進水煮紅豆混拌備用。接著再取50ml的①加入A混拌備用。兩種液體都放在較溫暖的位置以避免凝固。

3. 其餘的①降溫後，倒入模型底部約1cm左右。稍稍凝固後，草莓尖端朝下地並排放置。

4. 倒入足以淹蓋草莓底部的①，當寒天開始凝固時，用竹籤等將草莓排列整齊。

5. 當④大致凝固時，再倒入預先取出加入脫脂奶粉的寒天液。

6. 當⑤大致凝固時，再倒入預先取出加入水煮紅豆的寒天液。

7. 待完全冷卻後。放入冰箱中冰鎮30分鐘～1小時。

軟QQ的抹茶慕斯當中加入了栗子和甘納豆。搭配鮮奶油也非常好吃。

抹茶慕斯

Japanese mousse

冷藏保存
1,2日

◎材料（容器600ml模型1個）

抹茶（粉）——10g
糖煮栗子——3個
牛奶——200ml
鮮奶油——150ml
細砂糖——60g
板狀明膠——6g（4片）
糖煮紅豆——適量

◉預備

- 板狀明膠浸泡於冰水中軟化備用。
- 在模型內鋪放紙模。
- 抹茶過篩後備用。

●製作方法

1. 將糖煮栗子切成適量大小。
2. 在鍋中放入牛奶、細砂糖加熱。加熱至細砂糖溶化後，放入擰乾水份的板狀明膠，使其溶化。
3. 在較大缽盆中放入抹茶，再逐次少量地將②倒入，並充分混合拌勻。
4. 將③移往缽盆中，墊放在冰水上不時地混拌至冷卻並開始產生黏稠。
5. 同時以攪拌器打發鮮奶油，打發至攪拌器可以在鮮奶油上劃出線條的程度(約打至六～七分發)。
6. 取少量的⑤加入④的材料中，充分混拌後加回⑤當中。以橡皮刮刀大動作混拌均勻後，加入糖煮紅豆和①的栗子混拌。
7. 將⑥倒入模型中，包妥保鮮膜後放入冰箱中冰鎮定型。
8. 分切後，搭配上糖煮紅豆(用量外)。

黑糖蕨餅和黃豆粉慕斯的組合。對比的口感充滿著不同的趣味。

當日
食用

黃豆粉慕斯＆蕨餅

◎材料（容器600ml模型1個）

蕨餅粉（わらび餅粉）——50g
水——150ml
黑砂糖——40g
豆漿——250ml
鮮奶油——120ml
黃豆粉——35g
細砂糖——40g
板狀明膠——7.5g（5片）

◉預備

- 板狀明膠浸泡於冰水中軟化備用。
- 在模型內鋪放紙模。

●製作方法

1. 在鍋中放入蕨餅粉、水及黑砂糖均勻混拌後加熱，邊加熱邊以木杓混拌，當材料變得沈重稠濃後，改以小火熬煮至全體熟透爲止。

2. 將①放入模型中，以沾了水的刮刀平整表面後，放至冷卻爲止。

3. 在其他的鍋中放入豆漿、細砂糖和黃豆粉，邊加熱邊混拌。

4. 當細砂糖溶化後，熄火，加入擰乾水份的板狀明膠，使其溶化。

5. 將④放入缽盆中，墊放在冰水上，不時地攪動至冷卻並開始產生黏稠。

6. 同時以攪拌器打發鮮奶油，打發至攪拌器可以在鮮奶油上劃出線條的程度（約打至六～七分發）。

7. 取少量的⑥加入⑤的材料中，充分混拌後加回⑥當中。以橡皮刮刀大動作混拌均勻。

8. 將⑦加入已倒入②的模型中，入冰箱中冰鎮定型。放入冰箱後的蕨餅會越來越硬，所以當黃豆粉慕斯凝固時，就是最佳品嚐時機。

9. 分切後，撒上黃豆粉（用量外）。

以南瓜製成的健康美味浮島，作爲伴手禮也非常適合。

南瓜浮島慕斯

冷藏保存
2,3日

◎材料（容器600ml模型1個）

南瓜(去皮後的淨重)——200g
雞蛋——1個
細砂糖——50g
低筋麵粉——10g
在來米粉——10g
泡打粉——1g
糖煮紅豆——適量

◉預備

- 在模型內鋪放紙模。
- 以160℃預熱烤箱。
- 低筋麵粉、在來米粉及泡打粉混合過篩備用。

●製作方法

1. 南瓜切成適當的大小，蒸煮至柔軟。趁熱時搗壓成泥並加上2/3用量的細砂糖混拌後，放涼備用。

2. 雞蛋分成蛋黃及蛋白，蛋黃加入①混拌。蛋白放入較大的缽盆中。

3. 將低筋麵粉、在來米粉及泡打粉加入①當中，以橡皮刮刀混拌均勻。

4. 將其餘的細砂糖加入蛋白中打發。打發至蛋白尖角呈直立狀態時，取少量加入③當中充分混拌後，全部加入其中大動作混拌均勻。加入糖煮紅豆混拌。

5. 放入模型中，以橡皮刮刀平整表面，用鋁箔紙當成蓋子，以160℃的烤箱隔水加熱烘烤50～60分鐘。用竹籤刺入時不會沾黏上材料，就完成烘烤了。

6. 脫模後，放置在冷卻架上待涼。

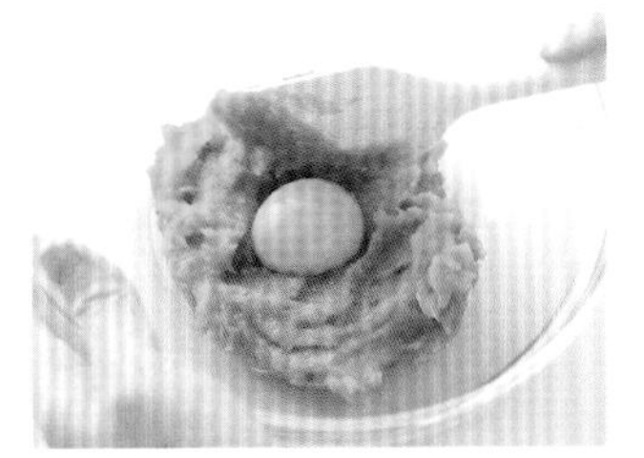

搗成泥狀的南瓜降溫後，與蛋黃混拌。

在南瓜泥上加入粉類，用橡皮刮刀充分混合拌勻。

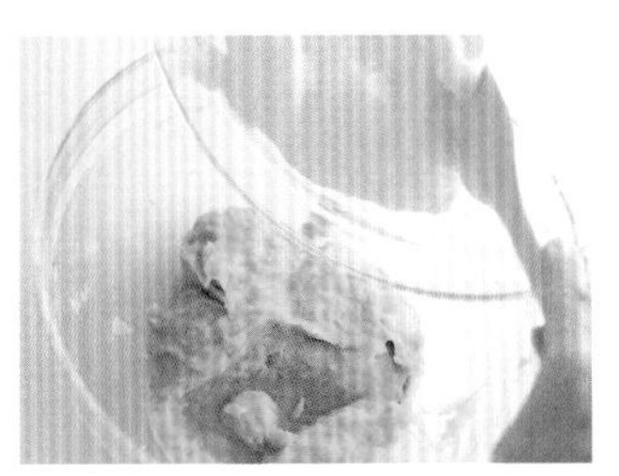

加入其餘的蛋白霜，大動作混拌均勻。

Japanese mousse

彷彿是許多微笑般的明亮橫切面。黑糖蜜是享用時的最佳搭檔。

枇杷寒天

當日食用

Japanese mousse

◎材料（容器600ml模型1個）

枇杷——12個
細砂糖——120g
寒天粉——3g
水——400ml
檸檬汁——1/2大匙
黑糖蜜——適量

●製作方法

1. 將枇杷縱向對切，去皮去籽。
2. 在鍋中放入水、細砂糖和寒天粉加熱，煮至沸騰後加入①和檸檬汁，再煮約4分鐘。
3. 將1/3的枇杷切口朝上地並排在模型底部，倒入足以淹蓋枇杷的寒天液。
4. 將第二層枇杷疊放在底部枇杷上方，再倒入足以淹蓋枇杷的寒天液。第3層的枇杷也以相同的要領疊放後，倒入其餘的寒天液。
5. 快要凝固前用竹籤等將枇杷排列整齊，完全冷卻後，包妥保鮮膜放入冰箱30分鐘至1小時冷卻冰鎮。
6. 分切後，搭配黑糖蜜享用。

宛如日式糕餅中的糕點般，最適合正月過年時享用！

黑豆寒天

當日
食用

◎材料（容器600ml 模型1個）

糖煮黑豆——100g
水——450ml
細砂糖——100g
柚子汁——1個的份量
寒天粉——4g
柚子皮——1/2個的份量
柚子皮（裝飾用）——適量

●製作方法

1. 柚子皮以刨削器刨削成細末。
2. 在鍋中放入水、細砂糖和寒天粉加熱，邊混拌邊煮至沸騰後再煮滾2～3分鐘。
3. 在②中加入柚子汁、柚子皮和糖煮黑豆混拌。
4. 倒入模型中完全冷卻後，包妥保鮮膜放入冰箱30分鐘至1小時冷卻冰鎮。
5. 分切後，撒上裝飾用柚子皮。

更多充滿樂趣的搭配組合

雖然單純地享用慕斯就非常美味了，但若是再試著搭配其他的食材呢？
無論是招待賓客或是自己的午茶時光，都是充滿樂趣的組合。

搭配鮮奶油和小紅豆

使用的慕斯»【南瓜浮島慕斯（P.86）】

搭配上打發鮮奶油及糖煮紅豆，簡單的一個動作就能有不同風味的點心。

與冰淇淋混拌

使用的慕斯 » 抹茶慕斯(P.84)

與香草冰淇淋混拌，做成創意冰品。

搭配糖煮水果

使用的慕斯» 哈蜜瓜杏仁豆腐(P.73)

切成塊狀後，與糖煮水果一同放入汽水中，就完成了爽口的賓治(punch)。

加入聖代中

使用的慕斯» 巧克力蛋糕(P.80)

切成塊狀後，放入玻璃杯中，同時放上玉米脆片、果醬、水果丁、冰淇淋和烤堅果。

口感潤澤的
海綿蛋糕

◎**材料**（30cm × 30cm 的烤盤份量）

雞蛋——3個
細砂糖——70g
低筋麵粉——50g
奶油（無鹽）——20g
牛奶——30ml

◉預備

- 將奶油與牛奶一起放入缽盆中，隔水加熱備用。
- 以200℃預熱烤箱。
- 在模型內鋪放紙模。

●製作方法

1. 缽盆中放入雞蛋攪打，再加入細砂糖稍加混拌。
2. 將①隔水加熱，再以攪拌器打發。攪打至材料變得濃稠，且呈緞帶般滴落時爲止。
3. 輕輕地攪動攪拌器，使氣泡大小均勻。
4. 低筋麵粉過篩加入其中，以橡皮刮刀混拌至麵糊出現光澤爲止。
5. 加入溶化的奶油和牛奶一起混拌。
6. 將⑤倒入模型中，用橡皮刮刀平整模型表面，輕敲模型底部以排出大型氣泡。
7. 以200℃的烤箱烘烤9～11分鐘。
8. 脫模後，降溫並爲避免表面乾燥地在蛋糕上覆蓋紙張。
9. 翻面後撕去底部紙張，放涼以保鮮膜包妥備用。

用具清單
Tools

缽盆、橡皮刮刀

在混拌麵糊、打發奶油時不可或缺的工具。儘量選擇自己方便拿取的種類。
缽盆是混拌材料時使用。直徑 20cm 左右是最方便使用的大小。過篩粉類時必須使用網篩。選擇比缽盆小一號尺寸的比較方便。

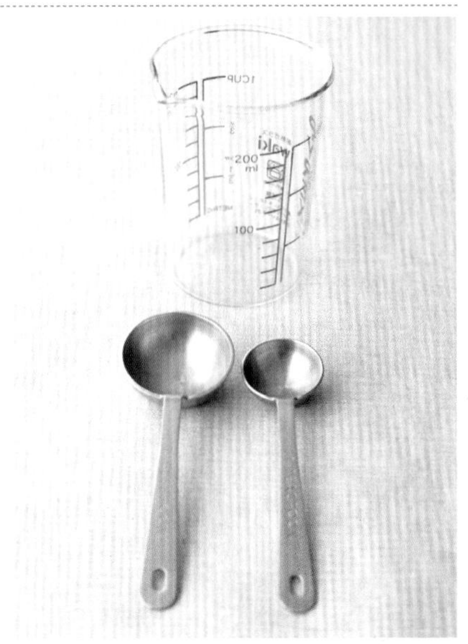

量杯、大量匙、小量匙

最基本的量杯是 200ml 大小。請選擇刻度清晰、容易拿取的量杯。在取用粉類或鹽等，可以稍多地舀取，之後再以量匙柄刮平，即可確實地量取需要用量。

迷你蛋糕抹刀

用於從模型中取出凍派或慕斯時，或是分切盛盤時。刀面較薄，抹刀與把手部份有彎曲的造型會比較方便使用。

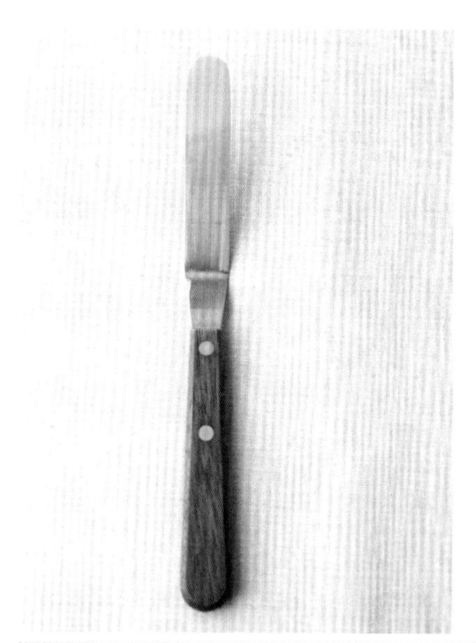

量秤

測量重量時使用的工具。家庭使用大約1kg的就足夠了。選擇可以測量1g單位的量秤。推薦大家選擇容易看且方便使用的電子秤。

方型淺盤、布巾

使用於隔水加熱或冷卻烘烤完成的成品時。方型淺盤必須是可以放入手邊既有模型的大小，並且深度在3cm以上，比較理想。布巾，請選擇可以放入烤箱的棉麻材質使用。

食物調理機

用於將材料攪打成滑順狀態時。本書使用的是固定裝置的食物調理機，也可以用手提式食物調理機。

Joy Cooking

法式凍派&慕斯
作者　荒木典子
翻譯　胡家齊
出版者 / 出版菊文化事業有限公司　P.C. Publishing Co.
發行人　趙天德
總編輯　車東蔚
文案編輯　編輯部　美術編輯　R.C. Work Shop
台北市雨聲街77號1樓
TEL：(02)2838-7996　　FAX：(02)2836-0028
法律顧問　劉陽明律師 名陽法律事務所
初版日期　2011年6月
定價　新台幣280元
ISBN-13：978-986-6210-08-2　書　號　J86

讀者專線　(02)2836-0069
www.ecook.com.tw
E-mail　service@ecook.com.tw
劃撥帳號　19260956 大境文化事業有限公司

法式凍派&慕斯
荒木典子 著 初版. 臺北市：出版菊文化，2011[民100]
96面；19×26公分. ----(Joy Cooking系列；86)
ISBN-13：9789866210082
1.點心食譜
427.16　　100008204

STAFF
設計　釜内由紀江、飛岡綾子（GRiD CO.,LTD.）
攝影　矢野宗利
造型　荒木典子
烹調助理　北野絢子、村上千鶴子
編集・製作　柳澤英子、鮫島沙織
（株式会社ケイ・ライターズクラブ）
企劃・執行　宮崎友美子、森内幸子
（辰巳出版株式会社）
攝影協力　STAUB www.staub.jp
（ZWILLING J.A. HENCKELS JAPAN）